LES PRÉMICES DE LA THÉOLOGIE MUSULMANE

Bibliothèque Albin Michel
Idées

DU MÊME AUTEUR

Zwischen Hadîth und Theologie, Berlin, 1975.

Anfänge muslimischer Theologie, Berlin, 1977.

Une lecture à rebours de l'histoire du Mu'tazilisme, Paris, Geuthner, 1979.

Der Wesir und seine Gelehrten, Wiesbaden, 1981.

Theologie und Gesellschaft im 2. und 3. Jahrhundert Hidschra : eine Geschichte des religiösen Denkens im frühen Islam, 6 volumes, Berlin, 1991-1997.

Josef van Ess

LES PRÉMICES DE LA THÉOLOGIE MUSULMANE

Albin Michel

Collection « La Chaire de l'IMA »
de l'Institut du monde arabe
dirigée par François Zabbal

22, rue Huyghens, 75014 Paris

www.albin-michel.fr

ISBN : 2-226-13285-6
ISSN : 1242-8620

Préface

par François Zabbal

Découvrant le titre de ce livre, le lecteur ingénu s'étonnera d'entendre parler de « théologie musulmane » : on n'y fait jamais allusion dans les débats souvent très vifs qui opposent les musulmans entre eux. L'islam, tel qu'il est perçu à travers des lectures tout à fait honorables quoique non érudites, se résumerait dans sa partie spéculative soit à expliquer et commenter servilement le texte révélé, soit à justifier, soutenir et réfuter les pratiques des croyants. En d'autres termes, le culte et le rituel semblent y occuper une place prépondérante dans les préoccupations des fidèles et des autorités religieuses, à la différence de la religion chrétienne où le dogme constituerait la référence dernière. Plutôt que des querelles dogmatiques, ce sont des luttes – non dénuées de violence – sur des attitudes et des rituels qui mobilisent l'attention dans les sociétés musulmanes. Le contrôle de l'orthopraxie passerait avant celui de l'orthodoxie, et les autorités politiques et judiciaires en étaient investies plutôt qu'une église ou un groupe de clercs religieux.

Et pourtant, la théologie eut ses heures de gloire avant de subir une défaite cinglante qui laisserait sa marque sur la hiérarchie des sciences au sein de la cité musulmane. Des trois disciplines qui ont directement à voir avec le divin et le sacré, on sait que c'est finalement le droit qui a eu, en Islam, la prééminence sur la philosophie et la théologie. Le conflit est même souvent présenté comme une victoire de la foi sur la raison, celle-ci étant exclusivement représentée par la philosophie. Avec la défaite de la philosophie, et particulièrement celle de son dernier représentant Averroès, l'islam aurait définitivement renoncé à la raison en pliant la foi à la tradition et à la lettre du Coran.

Or, la théologie, dont la mission est essentiellement apologétique, est amenée à user de méthodes rationnelles pour mieux défendre les croyances dans un contexte où la philosophie constitue un défi majeur à la foi, comme ce fut le cas pour le christianisme dans l'Antiquité tardive et pour l'islam au cours des premiers siècles. Devant le prestige de la philosophie et sa force argumentative, la théologie aurait été amenée à réconcilier la raison et la foi, plutôt qu'à faire taire la raison. En Islam, la théologie fut connue sous le nom de *'ilm al-kalâm*, la science de la parole, entendue comme discours, discussions, controverses. Pour le philosophe Alfarabi, c'est « une science qui permet à l'homme de faire triompher les dogmes et les actions déterminées par le Législateur de la religion, et de réfuter toutes les opinions qui les contredisent ». On s'accordera généralement à la définir comme une discipline qui met au service des croyances religieuses les arguments discursifs, et qui fait donc appel à la raison dans l'élucidation et la défense du contenu de la loi.

La consolidation de la théologie musulmane doit beaucoup à al-Ash'arî (873-935) et à ses successeurs, tels que Mâturîdî (m. en 944), Baqillâni (m. en 1013) ou al-Nasafî (m. en 1143), ou encore au célèbre Ghazâlî (1058-1111). Revenir sur l'époque lointaine (VIIIe et IXe siècles), où les positions respectives des disciplines n'étaient pas encore fixées, n'est pas seulement affaire d'historiens. Les problèmes qui se posaient alors ont encore des résonances aujourd'hui même comme on le verra en lisant Josef van Ess. Et comme, à cette période, les options étaient encore ouvertes, il est possible d'appréhender dans le changement des thèmes et le déplacement des questions, la manière dont s'articulent et se fixent les croyances, produisant des effets qui perdurent jusqu'à nos jours.

Le texte publié ici est issu d'une série de quatre conférences données par Josef van Ess à l'Institut du monde arabe en 1998. Ces conférences forment les quatre premiers chapitres du livre, auxquels l'auteur a adjoint une introduction et un cinquième chapitre. Célèbre dans les milieux spécialisés du monde entier pour son travail sur la théologie musulmane, Josef van Ess n'est pourtant pas connu en France du public cultivé. Sans doute parce que son œuvre monumentale, *Theologie und Gesellschaft im 2. und 3. Jahrhundert Hidschra (Théologie et société aux IIe et IIIe siècles)* n'est accessible qu'en allemand. D'une certaine manière, ce livre est une introduction en français à son œuvre majeure.

Introduction

Dans les médias d'aujourd'hui, l'islam c'est l'« Autre », à la fois repoussant et étrange. L'idée qu'on associe communément à cette religion, c'est la Loi, la *charia*, qui semble bien incompatible avec les règles de la raison éclairée. Quel contraste avec ce qu'avait écrit Taha Husein en 1938, dans *L'Avenir de la culture en Égypte* : « Tout semble indiquer qu'il n'y a rien qui serait un esprit[1] européen distingué de l'esprit oriental[2] » ; et plus loin : « Nous sommes sûrs qu'il n'y a pas de différence essentielle ou de nature entre les Européens et nous[3]. » Mustafa 'Abdarraziq reprendra cette idée en 1945, dans le discours officiel qu'il prononça pour inaugurer ses nouvelles fonctions de cheikh al-Azhar, c'est-à-dire de représentant suprême d'une institution qui incarne quasiment l'esprit de la *charia* : « Je ne vois aucune raison réelle de mettre en opposition Islam et Occident[4]. » Les deux intellectuels égyptiens pouvaient compter alors sur quelque assentiment européen. *« Orient und Okzident sind nicht mehr zu trennen »*, avait déclaré Goethe : « l'Orient et l'Occident ne

1. Ou « une rationalité » *('aql)*.
2. *Mustaqbal al-thaqâfa fi Misr* (1-2, Le Caire, 1939), p. 23, 5 s.
3. *Ibid.*, p. 63, 2 s.
4. « L'Islam et l'Occident », *Cahiers du Sud*, 34, 1947, p. 19.

peuvent plus être séparés ». Mais, à l'instar des écrivains romantiques postérieurs, Goethe songeait à la poésie, surtout à celle de l'Iran ; à la différence de Taha Husein et de Mustafa 'Abdarraziq qui pensaient plutôt à la philosophie médiévale et à ce qui s'ensuivit. À leur époque et dans leur pays, Averroès avait été élevé au rang de représentant des lumières en Islam, et tenu pour un « rationaliste » ayant transmis l'héritage d'un islam éclairé à une Europe encore dans les limbes[5]. Le film de Youssef Chahine, *Le Destin*, colporte encore cette image. Cependant, chez le cinéaste égyptien, l'islam exhibe, par surcroît, une tête de Janus qui nous est devenue bien familière.

Bien entendu, il ne suffit pas d'évoquer la philosophie, ni seulement le fondamentalisme et la Loi. Il faut accorder une place à la théologie, *'ilm al-kalam* comme on l'appelait, la « science de la parole dialectique » pratiquée par ceux qui savaient « s'entretenir[6] » sur leur religion avec d'autres personnes qui défendaient une autre interprétation, voire même qui n'étaient pas eux-mêmes des musulmans. Le mot suggère que les « dialecticiens » remplissaient une tâche apologétique. Pourtant, la chose n'est vraie qu'en partie ; la théologie ne tarda pas à affirmer d'autres prétentions. Le rôle qu'elle s'attribuait était d'apporter une explication authentique du monde. Aussi a-t-on naturellement commencé à la tenir pour une « philosophie », la vraie *falsafa*, celle de al-Kindî et son cercle, de al-Fârâbî et d'autres jusqu'à Ibn Ruchd qui, pour nous, est la seule à mériter ce nom, n'étant pas encore apparue sur la scène.

---

5. A. von Kügelgen, *Averroes und die arabische Moderne. Ansätze zu einer Neubegründung des Rationalismus im Islam*, Leyde, 1994.

6. *Takallama* et *kallama* (à l'accusatif), probablement dérivé de l'expression grecque *dialégesthai (peri tinos)* ; cf. mon ouvrage *Theologie und Gesellschaft im 2. und 3. Jahrhundert Hidschra*, 1-6, Berlin/New York, 1991-1997 (dorénavant cité TG), vol. I, p. 48 s.

En ce temps-là, comme en France au XVIIIe siècle, les « philosophes » étaient simplement les intellectuels, et parmi ceux-ci certains *mutakallimun* (ceux qui pratiquaient le *kalam*) occupaient les premiers rangs, conjointement avec les médecins et les « hommes de science », à savoir les astrologues et les alchimistes [7]. Dans son *Livre des Trésors (Ketâbâ de sîmâtâ)*, Job d'Édesse se plaint des « nouveaux philosophes » gravitant autour d'al-Nazzâm, qui « cherchent la vaine gloire d'être honorés dans la société [8] ». Pour lui, qui était un médecin chrétien et un défenseur de l'héritage grec, ceux-ci n'étaient que des *show-masters* ne méritant aucunement la réputation dont ils jouissaient ; mais pour les musulmans, ils remplissaient une fonction semblable à celle des Pères de l'Église. Certes, ils n'étaient pas aussi imprégnés des idées de Platon et d'Aristote que ceux-ci ; mais ils profitaient de l'avantage dont bénéficièrent Origène ou Clément d'Alexandrie quelques siècles auparavant : ils disposaient encore d'options historiques qui devaient se restreindre par la suite et, par conséquent, ils jouissaient d'une liberté de pensée dont les générations postérieures ne purent que rêver. Pour cette raison, le *kalâm* est un phénomène qui atteignit son zénith très tôt ; sa créativité la plus vive n'apparut pas dans son âge de maturité, mais bien avant, à un moment où les signes de l'ennui et de la sclérose ne s'étaient pas encore manifestés.

Aujourd'hui, ce monde fascinant s'est enfoncé, submergé par des vagues de puritanisme qui préfiguraient les fondamentalismes modernes. En Arabie saoudite, le *kalâm* est exclu de l'enseignement universitaire – aussi bien que la philosophie, d'ailleurs. Mais il ne faut pas oublier que la théologie dans le sens décrit par nous a toujours été confinée à certaines régions et à certains moments de l'histoire, en Irak surtout, pendant les

7. TG III, p. 66 et p. 307.

8. *Ibid.*, p. 299 s.

premiers siècles de l'Empire abbasside, puis en Iran où elle connut un nouvel essor qui se prolongea jusqu'à l'époque mongole. Ce qui nous intéresse ici ce sont les débuts, la période des options ouvertes où le *kalâm* était encore profondément enraciné dans la société musulmane. Son rang égalait celui de la jurisprudence. Abû Hanîfa, le premier juriste irakien qui laissa une empreinte durable sur le droit islamique, ne nous a légué que ses traités théologiques (la *Lettre à ʿUthmân al-Battî* et les dialogues rédigés par ses élèves, le *Fiqh al-absat* et le *Kitâb al-ʿâlim wa 'l-mutaʿallim*), tandis que son enseignement juridique ne semble avoir jamais dépassé la tradition orale. Les deux disciplines rivalisaient encore l'une avec l'autre, et il n'était pas du tout évident que la jurisprudence allait avoir le dessus. Toutes deux profitaient de leur symbiose étroite avec leur milieu. Les théologiens étaient loin de s'occuper seulement de Dieu et de vérités éternelles ; ils traitaient aussi bien des problèmes quotidiens des croyants et de leurs soucis particuliers. Leur défaite ne sera amorcée qu'avec leur soif de pouvoir et leur alliance avec la cour abbasside. On ne prendra jamais assez la mesure du choc provoqué par la *mihna*, l'inquisition lancée sous al-Ma'mûn. Il est vrai que ceux qu'on a accusés d'en être les instigateurs, à savoir les théologiens muʿtazilites, n'en étaient pas directement responsables ; l'initiative de cette « inquisition » avait plutôt été prise par le calife. Mais la campagne de persécution leur coûta la sympathie de tous ceux qui en furent les victimes, qu'ils fussent gens du peuple ou membres de la classe moyenne.

Avant que la capitale n'accueillît les penseurs religieux, il s'était créé, dans des villes comme Koufa, Basra, Damas, des sortes d'orthodoxies locales différant par l'option choisie. Le fait se constate surtout en matière de théories politiques ; les positions différaient d'une ville à l'autre. Partout, ces idéologies furent « vraies » à un certain moment : le qadarisme, le murjiʿisme, les différents partis pris chiites ; mais plus tard, on les considérait toutes comme des hérésies. C'était là l'effet de la capitale : à Bagdad, les « orthodoxies » importées s'amalgamèrent et furent soumises à un processus d'usure. La cour opéra comme un catalyseur ; les savants de la « province » qui voulaient y faire carrière furent forcés d'abandonner les particularismes locaux ou d'en contenir la propagation bruyante. « Ce qui est bien à Bagdad, nous dit le géographe Ibn al-Faqîh, c'est que le gouvernement ne doit pas avoir peur qu'une école quelconque prenne le dessus sur une autre – comme à Koufa où les Alides, conjointement avec les chiites, arrivent souvent à dominer la population. Car à Bagdad, tous coexistent, qu'ils soient chiites, mu'tazilites ou khârijites ; chaque parti tient l'autre en échec et l'empêche de se poser comme maître [9]. » Le mu'tazilisme, tout en étant, originellement, lui aussi, un produit importé de la ville de Basra, sut profiter de cette situation ; il créa la première orthodoxie supralocale dans le monde musulman. En élargissant sa base théorique et en fondant un nouvel équilibre entre les diverses opinions, il réussit à éviter son nivellement. Le rationalisme dont il était si fier en était l'instrument le plus efficace.

Les pages suivantes visent à éclairer quelques aspects de ce développement. Certes, il ne s'agit que d'histoire. Cependant, l'imaginaire des musulmans en a conservé de multiples traces. Le mu'tazilisme fut remplacé par d'autres orthodoxies, mais les idées qu'il avait élaborées influencèrent, dans un sens subversif, les mouvements postérieurs. Bien que menacé à Bagdad à la fin du IIIe/IXe siècle, il réussit à gagner, vers 400/1010, la Khoresmie grâce à ses efforts missionnaires. En 803/1400-1401, pendant sa campagne en Syrie, Tamerlan était accompagné par un juriste hanafite qui était mu'tazilite et qu'Ibn Khaldûn rencontra à

9. *Akhbâr al-buldân*, Facs. Francfort, 1987 (dans *Majmû' fî 'l-jughrâfiya*, Publications de l'Institut für Geschichte der Arabisch-Islamischen Wissenschaften, C 43), p. 105, 4 s.

Damas au cours de la fameuse audience que le Conquérant du monde lui accorda. En fin de compte, l'orthodoxie mu'tazilite, elle aussi, était devenue une orthodoxie locale. Les problèmes de la théologie sont peut-être des problèmes éternels, mais ils ne sont pas statiques. Les réponses qui, à un certain moment, correspondent à une situation donnée, ne tardent pas à se changer en stéréotypes. Mais parfois elles se révèlent aussi, au regard de l'actualité, comme des alternatives à celles données de nos jours. C'est de là que vient leur importance, pour les musulmans aussi bien que pour nous. La pensée moderne est l'héritière d'un passé florissant, et la mémoire d'opinions et de décisions que l'on a prises autrefois au sérieux ne cessera jamais de montrer son utilité.

1.

La théologie à son propre regard : division et hérésie en islam

I

L'hérésie est un domaine aussi vaste en islam que dans le christianisme. Peut-on légitimement soutenir qu'elle se limite à l'époque classique ? Pendant la *mihna,* le mariage d'un certain Ibn Mâlaj, traditionniste qui rejetait l'idée du Coran créé, *khalq al-Qur'ân,* fut rompu par la cour de justice [1]. En dépit de douze siècles d'écart, un parallèle frappant peut être établi avec le cas de Nasr Abu Zeid en Égypte aujourd'hui. De nos jours, on éprouve de la crainte à l'égard du groupe islamiste égyptien Jamâ'at al-Takfîr wa 'l-hijra ; mais au IXe siècle les mu'tazilites étaient déjà réputés pour l'usage qu'ils faisaient du *takfîr,* c'est-à-dire de l'anathématisation des adversaires. Abû Hayyân al-Tawhîdî déplore cette pratique : Abû Hâchim, dit-il, traite son père al-Jubbâ'î de mécréant et *vice versa* ; mais sa sœur, continue-t-il, anathématise les deux, c'est-à-dire son père et son frère. C'était bien sûr une femme émancipée ; elle dirigeait une sorte d'association féminine, ayant des objectifs d'évangélisation mu'tazilite à ce qu'il semble. Et comme on sait, les mu'tazilites ne se querel-

1. TG III, p. 470 s. et IV, p. 676.

laient pas seulement entre eux ; ils déployaient aussi une agressivité considérable contre les « autres », les *hachwîya*, les incultes, les primitifs. Est-ce parce qu'ils ont représenté, pendant au moins un siècle, l'élite, c'est-à-dire l'« orthodoxie » intellectuelle de leur époque ? Tawhîdî, pour qui ils forment encore la majorité parmi les théologiens, conclut par une remarque plutôt critique : « Je ne comprends vraiment pas ce que signifie pour eux ce *takfîr* ! Pourquoi ne peut-on pas mettre fin à ce fléau *(fitna)*[2] ? »

Laquelle des deux positions correspondait-elle à l'attitude médiane pour la société musulmane à l'époque classique : le *takfîr* pratiqué par certains intellectuels ou le malaise qu'éprouve Tawhîdî devant ce comportement ? Je ne sais si je répondrai de manière satisfaisante à cette question. Pour le moment, je m'attarderai sur le terme « incroyance », *kufr*, comme on disait alors, là où les chrétiens auraient préféré le mot « hérésie », quand aujourd'hui on préfère parler de tolérance et d'intolérance. Mon exposé s'attachera donc en partie au vocabulaire. Mais derrière la langue il y a toujours les réalités : le milieu, à savoir les structures sociales, les institutions (si tant est qu'elles existent), et la base doctrinale : l'Écriture, la tradition prophétique, les mythes historiques.

Dans les langues européennes le mot « hérésie » est dérivé du grec. Or, dans l'Antiquité *hairesis* signifiait seulement « choix » ; le mot ne comportait aucune nuance négative. Chaque école philosophique pouvait être qualifiée de *hairesis*, et préférer une de ces *haireseis* par rapport à une autre n'était absolument pas considéré comme un choix scandaleux ou condamnable. Ce n'est que chez les Pères de l'Église que le mot fut utilisé au sens d'un choix répréhensible ou imbécile, un mauvais caprice, *hawâ*, comme diront plus tard les Arabes et le Coran. Dans les religions de l'Antiquité on ne parlait pas encore d'aberration ni de schisme.

2. TG IV, p. 675 ; pour la sœur, voir aussi *ibid.*, p. 722 s.

Plutôt que de rejeter un culte étranger, on incorporait ses éléments et on les transformait ; c'est ce qu'on appelle le syncrétisme. Seule exception, le judaïsme qui introduisait un nouveau facteur, la révélation. Les théologiens juifs se plurent alors à parler d'une alliance avec Dieu. Mais les fils d'Israël ne furent pas seuls à le faire. Les chrétiens conçurent la naissance de leur religion comme une « nouvelle alliance », et les musulmans eux-mêmes possédèrent leur *'ahd* ou *mîthâq*, avec un nouveau livre et de nouveaux commandements. Les mots « pacte » et « alliance » sont des notions juridiques ; ils impliquent l'existence d'une obligation, *taklîf.* L'hérésie ou l'aberration peut alors devenir apostasie, *irtidâd* en arabe, terme qui provient d'une situation historique particulière, à savoir la *ridda*, la rébellion des tribus arabes contre l'« islam », c'est-à-dire contre la jeune communauté, au lendemain de la mort du Prophète.

À l'égal de *kufr*, le concept d'apostasie marque la façon typiquement islamique de voir les choses. Toutefois, le problème est en soi caractéristique des trois religions abrahamiques. Celle qui, du point de vue doctrinal et institutionnel, se révéla la plus rigide et la mieux « armée » sous cet aspect n'était pas l'islam ; c'était sans aucun doute le christianisme. En effet, des trois religions monothéistes, le christianisme a dû, en raison de la précarité de sa position historique intermédiaire, prouver sa suprématie envers le judaïsme en soulignant que celui-ci lui était antérieur et envers l'islam en soulignant que ce dernier lui était postérieur. Ce n'est que dans le christianisme que l'orthodoxie fut définie par des dogmes, lesquels furent en partie résumés dans une confession de foi, un « symbole » : le symbole de Nicée, qui fut même incorporé dans le rituel, à savoir le Credo de la messe. Les dogmes furent formulés et confirmés par des conciles, les conciles à leur tour légitimés par une institution, l'Église. L'Église administrait le salut ; celui qui la reniait perdait la rédemption. En conséquence, on pouvait refuser aux hérétiques l'appartenance à l'Église et l'usage du nom de « chrétien » ; c'est ce qu'on fit avec les gnostiques. L'Église finit par réclamer ce qu'on appela le « bras séculier ». En 1215, le quatrième concile du Latran obligea les autorités séculières à prendre des mesures contre les cathares. C'est d'ailleurs le nom « cathare » qui est à l'origine du mot allemand retenu pour « hérétique » : *ketzer*.

Ni l'islam ni le judaïsme n'ont jamais connu d'église ; à tous deux manquait surtout le concept de rédemption, un concept fondateur pour l'Église chrétienne. En islam, il n'y a pas une catégorie d'individus ou une profession particulières dont la tâche serait d'administrer le salut ; tous les musulmans sont des laïcs. Il n'existe pas non plus de credo universel, sauf la *chahâda* qui consiste, pour le croyant, à réciter « Il n'y a de Dieu que Dieu et Muhammad est Son Envoyé ». Il est vrai que, de temps à autre, des théologiens ou des *muhaddithûn* (spécialistes des Traditions prophétiques, les *hadîths*) écrivirent des professions de foi *('aqâ'id)* que l'on pourrait comparer au Credo chrétien, mais ces textes n'obligeaient personne et ne restaient valables que dans des limites locales et temporelles. Les autorités séculières ne furent jamais contraintes, par une institution officielle, à persécuter les hérétiques. Certes, cela n'empêchait pas un gouvernement de se faire le gardien de l'orthodoxie. De même faut-il concéder que tout ce que nous avons dit jusqu'à présent n'a aucune conséquence directe et nécessaire sur l'analyse du comportement pratique. Il est parfaitement possible de penser de façon dogmatique sans disposer de dogmes, et je ne m'aventurerai pas à soutenir que les laïcs sont moins fanatiques que les membres d'un clergé. Le christianisme aussi bien que l'islam offrent un registre impressionnant d'exécutions, de pogromes, de livres brûlés. Les différences systématiques et structurelles que j'ai décrites sont une réalité, mais elles s'effaçaient devant la primauté d'un trait commun : le dévouement revendiqué par la révélation, élément caractéristique de toutes les religions abrahamiques. Elles restaient pour ainsi dire en famille. Néanmoins il faut toujours les garder en mémoire. Dorénavant nous allons donc parler de la petite différence.

II

Ce qui est perçu comme une différence systématique n'est que le produit d'une évolution historique. Ni les Évangiles ni le Coran ne fondent un système. Le contenu de la foi a été défini plus tard, par le travail de l'exégèse. Il est vrai que, comparé au Nouveau Testament, le Coran est beaucoup plus explicite en ce qui concerne les prescriptions et les règles, mais il ne contient pas de liste de doctrines canoniques. Même là où il s'approche le plus d'une énumération de vérités prescrites, dans le verset qu'on appelle *âyat al-birr* (sourate II, 177), l'accent est mis de manière différente : « La bonté pieuse *(birr)* ne consiste point à tourner votre face du côté de l'Orient et de l'Occident, mais l'homme bon est celui qui croit en Dieu et au Dernier Jour, aux Anges, à l'Écriture et aux Prophètes, qui fait le bien – quelqu'amour qu'il en ait – aux proches, aux orphelins, aux pauvres, aux voyageurs, aux mendiants et pour l'affranchissement des esclaves, qui accomplit la prière et donne l'aumône. » On ne trouve pas ici le style d'une doctrine, une *'aqîda*, mais plutôt un mélange sympathique d'énoncés de la foi et de pratiques de charité. L'Écriture souligne « la différence entre l'acte formel de se tourner vers Dieu et l'acceptation des conséquences existentielles de cet acte [3] ». Certes, les détails doctrinaux mentionnés dans ce verset : Dieu, le Jugement dernier, les anges, le Livre, les prophètes, ne furent jamais mis en doute, mais ils n'ont jamais constitué non plus un centre d'intérêt. Dès le début, la théologie s'est occupée

3. D'après T. NAGEL, *Der Koran*, Munich, 1983, p. 138.

de problèmes tout à fait différents : le libre arbitre et la prédestination, les attributs divins, la justification par la foi. Au fond, l'islam n'a pas traité de problèmes nouveaux par rapport au christianisme, il a traité les mêmes problèmes de manière différente [4].

Pourtant, il serait faux de dire qu'il n'y a pas eu de progrès doctrinal en islam, loin s'en faut. Mais sur le long terme, ce progrès s'affirme dans la jurisprudence plutôt que dans la dogmatique. Car c'est ce que le musulman apprit en premier lieu de son texte sacré : comment se conformer à une conduite droite et honnête. Le Prophète lui-même avait eu l'occasion de structurer la base sociale et politique de sa communauté à Médine ; à cet effet, il avait pu se servir de ce que le Coran lui offrait : une loi.

Nous retrouvons ici de nouveau la petite différence. Pour l'islam, l'orthopraxie est plus importante que l'orthodoxie. Au niveau de l'action, dans la liturgie aussi bien que dans la vie quotidienne, le détail comptait beaucoup. Quiconque voulait souligner l'unité dans la foi en désignant les musulmans en tant que tels, sans égard pour leur confession, disait : *ahl al-salât*, à savoir « tous ceux qui font la prière à la façon musulmane », ou *ahl al-qibla*, parce qu'ils se dirigent tous, pendant la prière, dans la même direction [5]. Certes, la loi présuppose une distinction entre le vrai et le faux comme c'est le cas avec le dogme dans le christianisme. Mais un juriste est beaucoup plus souvent confronté avec le fait que la vérité se présente comme une affaire de circonstances. Il y a des moments où l'on ne peut pas déterminer la *qibla*, pourtant la prière demeure valable. Le juriste sait toujours que la vérité n'est pas facile à trouver dans un cas concret ; le jugement ne parvient qu'à la probabilité, comme

4. TG IV, p. 353-360.
5. *Ibid.*, p. 680-683.

disaient ses collègues *fuqahâ'*, jamais à la certitude. En principe, cela pouvait être compris comme un appel à la prudence.

D'autre part, l'Écriture affirmait aussi que le désaccord était néfaste. Les juifs et les chrétiens avaient répandu la division dans le monde, c'est pourquoi la nouvelle révélation était devenue nécessaire. Au commencement, l'humanité avait été une « communauté unique » *(umma wâhida)*, et Dieu avait envoyé ses messagers afin de maintenir sa cohésion. Mais personne n'avait suivi son conseil, et l'islam vint restituer son état primordial. « Si ton Seigneur avait voulu, Il aurait fait des Hommes une communauté unique, alors qu'ils ne cessent de s'opposer – à l'exception de ceux auxquels ton Seigneur a fait miséricorde. C'est pour cela qu'Il les a créés » (sourate XI, 118 s.). Les premiers musulmans ont beaucoup réfléchi sur ce verset. Eux-mêmes étaient évidemment ceux « auxquels Dieu avait fait miséricorde » ; pour cette raison, il leur avait épargné l'antagonisme, la division. Mais la réalité prit assez vite un autre cours ; avec la première guerre civile, la « Grande Discorde », selon les termes de Hichem Djaït, la communauté se désunit. L'événement n'avait pas encore beaucoup à voir avec la doctrine de l'islam, il s'agissait d'une querelle politique. Mais les premières grandes conquêtes avaient apporté la conviction que les musulmans allaient toujours remporter la victoire grâce à leur unité voulue par Dieu. La *fitna* signifiait-elle maintenant que les musulmans étaient malgré tout « créés » pour rester divisés, comme l'avaient été les juifs et les chrétiens ? Au début les gens pensaient qu'ils pouvaient arrêter ce penchant pernicieux. « Fais quelque chose concernant cette communauté avant qu'elle ne s'oppose sur l'Écriture comme il est arrivé aux juifs et aux chrétiens », aurait dit Hudhayfa b. al-Yamân à 'Uthmân, c'est-à-dire au calife qui fut assassiné justement parce qu'il n'avait pas réagi à la scission. La phrase n'est pas authentique ; elle fut formulée après coup, quand les musulmans se rendirent compte qu'ils étaient condamnés à vivre en état de discorde. Par conséquent, ils firent de nécessité vertu ; ils découvrirent pour ainsi dire le pluralisme inter-musulman. Le Coran n'offrait pas beaucoup de lumière sur cette question. Mais on pouvait recourir au Prophète dont on commençait à transmettre le fameux hadîth : « Dans ma communauté le désaccord est un signe de la miséricorde divine », ou, pour le rendre d'après son sens originel : « Dans ma communauté le désaccord est *une occasion* pour la miséricorde divine ». Il faut ajouter : « à l'opposé des communautés religieuses antérieures ». Ce n'est pas un hasard si cette maxime reprend exactement les mots clefs qui se trouvent dans le verset coranique cité auparavant : désaccord, communauté, miséricorde. Ainsi, bien que les musulmans fussent sans doute « créés » pour être en désaccord comme l'avaient été toutes les autres communautés, en islam ce même désaccord pouvait être pris au sens de « diversité » ; c'était quelque chose de bon[6].

Cependant le hadîth que j'ai cité ne fut accepté que dans le domaine de la jurisprudence. La miséricorde divine s'était manifestée par la pluralité des solutions juridiques qu'avaient proposées les *sahâba,* les Compagnons du Prophète. Le fait que cette génération eut échoué au plan politique fut ignoré. Cependant, même dans le domaine juridique on n'était pas toujours disposé à accepter le désaccord des Compagnons comme quelque chose de positif ; le théologien mu'tazilite al-Nazzâm n'hésita pas à les traiter avec une ironie mordante pour leurs positions au plan juridique[7]. Mais l'élaboration de la loi musulmane aboutit à une telle glorification des ancêtres qu'ils semblèrent désormais incapables d'erreurs graves. C'est la naissance de la *sunna nabawiyya*, une tradition qui laissait toujours des alternatives au choix de

6. *Ibid.*, p. 657-660.
7. TG III, p. 390-392.

l'individu. L'espace qu'occuperont les futures options (ou écoles) juridiques, les *madhâhib*, ne fut créé précisément que par le dissentiment des Compagnons. L'islam n'a jamais connu une loi uniforme, et un juriste pouvait toujours se permettre, au moins théoriquement, de recourir contre l'opinion commune à un avis minoritaire de la première génération. La loi musulmane est une loi de juristes ; c'est pour cette raison qu'elle prit une forme casuistique, et qu'il n'y eut jamais un code universellement contraignant, mis en vigueur par un souverain.

III

Nous sommes de nouveau en présence de l'une de ces différences mineures ! Le christianisme apprit par le Code Justinien ou par le *Codex Iuris Canonici* qu'il y avait, en jurisprudence comme en théologie, un seul système fixé, qui ne pouvait plus être mis en question. À l'inverse, il n'existe, dans la loi musulmane et jusqu'à l'époque ottomane, que dessein, projet, exégèse professorale de certains textes de base, soigneusement choisis selon le consensus d'une école. À ce sujet, il convient de rappeler que la plupart des théologiens avaient une formation de juriste ; il se peut donc qu'ils se soient rendus compte que, même dans le domaine de la théologie, il valait mieux ne pas restreindre le choix de manière trop excessive. Au début, l'un d'eux, 'Ubaydallâh al-'Anbarî, juge de Basra et gouverneur de la ville, exprima cette idée sous la forme d'une maxime. *Kullu mujtahid musîb*, dit-il, « quiconque se forme une opinion raisonnée a raison ». Ce qu'il voulait dire par là, ce n'est pas seulement que le jugement qu'il énonçait comme *qâdî* (juge) était valable dans tous les cas et n'admettait pas de révision, mais aussi que quiconque émettait sa propre opinion en matière de foi était libre de la soutenir – de même que son détracteur qui aboutissait à un résultat différent [8]. Il faut admettre cependant qu'en théologie cette position libérale ne l'emportait pas, car, à la différence de la jurisprudence, la théologie s'occupait de vérités éternelles et non pas des affaires de tous les jours. C'est la raison pour laquelle le désaccord sur ce plan allait très vite se présenter comme un scandale.

Nous apprenons cela encore une fois par un mot du Prophète, sûrement apocryphe comme celui que j'ai cité plus haut, mais répondant à la même question : « Ma communauté fera des expériences analogues à celles des enfants d'Israël... Les enfants d'Israël étaient divisés en 72 sectes, mais ma communauté se divisera en 73 sectes, et seule l'une d'entre elles n'ira pas en enfer. » Pas de trace ici de l'idée que le désaccord pourrait être un signe de la miséricorde divine. Le hadîth est plutôt empreint d'un ton résigné, comme si la vérité était l'affaire d'une minorité. On voulait évidemment se mettre en garde contre la décadence. On était alors heureux de pouvoir citer le Prophète affirmant : « Ma communauté ne tombera jamais d'accord sur une erreur. » La vérité vaincra, tel était le message ; pour ce motif, il était dit aux musulmans, « tenez-vous-en à la large majorité ! » La vérité n'était – on devait malheureusement l'admettre – qu'une parmi les soixante-treize opinions, et pourtant la majorité semblait capable de la reconnaître parmi les nombreuses erreurs [9].

À ce stade, rien n'apparaît de la petite différence évoquée plus haut : on avait appris que l'hérésie possédait de nombreux visages, et pourtant on la considérait comme une affaire aberrante et isolée. En effet, les choses évoluèrent quelque temps selon un cours qui paraît normal : avec des procès et des exécutions. L'initiative ne fut pas prise par les juristes mais par le pouvoir, c'est-à-dire le calife et ses représentants. Les sources

---

8. TG II, p. 155-164 ; voir plus bas, p. 18.

9. TG IV, p. 656 s.

nous révèlent ceux contre qui les mesures furent dirigées (Ghaylân al-Dimachqî, Ja'd b. Dirham, Jahm b. Safwân, plus tard, al-Hallâj). Dans un cas particulier (Bichr al-Marîsî), on nous apprend même comment et où le procès se déroula : dans la cour d'une mosquée, avec la participation d'un auditoire nombreux et probablement en furie (tandis que le *qâdî* laissait l'accusé s'échapper) [10]. Mais dans beaucoup de cas, l'essentiel n'est pas mentionné. Les premiers procès semblent avoir été des procès politiques ; mais qui s'en étonnerait ? Ce qui se dessine ici est la tentation qui accompagne toute conviction de majorité, qu'elle soit religieuse ou non, à savoir : user de violence et s'assurer du soutien du gouvernement. Les sectes minoritaires n'avaient pas cette possibilité. Les ibâdites par exemple, ou plus tard les Druzes, ne pouvaient pas exécuter les hérétiques ; ils les excommuniaient et les répudiaient jusqu'à ce qu'ils se repentissent en public et fussent de nouveau admis au sein de la communauté. Or, pour l'époque dont je parle, le recours à la violence n'est pas encore le trait le plus marquant. Ce qui nous importe, c'est le fait qu'en préparant les procès les acteurs furent amenés à prendre conscience de ce qu'était pour eux l'islam. Il n'y avait pas encore d'orthodoxie ; ceux qu'on allait plus tard appeler les sunnites avaient encore à déterminer le contenu de la *sunna*. Ainsi les procès contre les hérétiques furent-ils aussi des étapes dans l'autodéfinition de la foi.

Comme exemple j'évoquerai une exécution qui eut lieu à Damas vers la moitié du IIe siècle de l'hégire. La victime était un certain Muhammad b. Sa'îd al-Urdunnî, un traditionniste *(muhaddith)* qui avait mis en question le caractère final du message prophétique de Muhammad. Comme on sait, le Prophète s'était considéré comme un maillon dans une chaîne de messagers, comme quelqu'un qui confirmait une révélation que

10. TG III, p. 176 s., et IV, p. 691.

Dieu avait « fait descendre » plusieurs fois depuis la création. Avec sa propre prédication Muhammad avait mis son sceau *(khâtam)* sur cette révélation ancienne, c'est-à-dire qu'il avait témoigné de sa vérité et de son authenticité. Cela ne voulait pas dire automatiquement qu'il était le dernier à y mettre son sceau ; la chaîne aurait pu être prolongée et, de fait, il y eut, dans les premières générations, des personnes qui s'arrogèrent la prophétie ou furent tenues pour des prophètes. Certes, la prophétie avait été un événement singulier dans la péninsule Arabique, mais sa clôture par la mort de Muhammad fut aussi une source de frustration. Pour quelques instants, même 'Umar n'arrivait pas à y croire. D'autre part, la prophétie conduisait toujours à un changement, un changement par une autorité irréfutable, et l'islam aurait été en contradiction avec lui-même s'il avait autorisé l'idée qu'il y aurait dans l'avenir quelqu'un qui agirait envers lui comme Muhammad l'avait fait avec le judaïsme et le christianisme. Pour ce motif, la formule coranique où Muhammad était appelé le sceau des prophètes fut complétée par une phrase disant qu'il n'y aurait pas de prophète après lui *(lâ nabiyya ba'dahû)*. Et voilà que notre théologien de Damas ajouta à la suite un *in châ'a 'llâh* (« si Dieu le veut ») ; c'est la raison pour laquelle il fut exécuté et crucifié. D'une certaine manière, sa réaction était tout à fait logique : c'est sûrement à Dieu de décider s'Il veut envoyer un autre messager. Mais cette objection ne put effacer le scandale [11].

IV

Nos sources prétendent que, dans ce cas, l'hérésie fut désignée par un mot qui, peu après, se répandit partout : la *zandaqa*. Pourtant ce terme était réservé au début à une hérésie très spéci-

11. TG I, p. 136 s.

fique, le dualisme. Les *zanâdiqa* étaient d'abord les manichéens et ceux qui, parmi les musulmans, se sentirent attirés par cette doctrine iranienne. En réalité, l'attraction qu'exerçait le manichéisme sur les musulmans n'avait pas beaucoup à voir avec le dualisme ; ce que les intellectuels musulmans appréciaient surtout dans le manichéisme était sa modernité scientifique. Cela paraît étonnant aujourd'hui. L'image du manichéisme qui se dégage des textes grecs, des œuvres de saint Augustin ou des écrits manichéens originaux qu'on a découverts entre-temps est totalement différente ; c'est celle d'une mythologie bizarre et d'un ascétisme végétarien dur et rigide. Mais au Proche-Orient, le manichéisme acquit son profil par ses spéculations cosmologiques. Pour les manichéens, le monde tirait son origine du mélange de deux principes éternels, la lumière et les ténèbres ; c'était en cela que résidait la solution iranienne du problème de la création. La catégorie du mélange évoquait un élément de la philosophie hellénistique : l'idée stoïque de la *krasis di' holou*, le *tadâkhul*, comme aurait dit le mu'tazilite al-Nazzâm, une idée qui avait pénétré la pensée iranienne depuis longtemps [12]. On se trouvait donc confronté à une sorte de science naturelle qui, par son caractère hypothétique, était idéale pour des gens cultivés aimant spéculer sans y regarder de près. Le fait que ce système était défendu par des dualistes n'était pas important en soi ; intellectuels musulmans, manichéens et penseurs de même tendance (dualistes se réclamant du système de Bardesane, alchimistes, etc.) appartenaient tous au même milieu. Mais, de l'extérieur, la curiosité que manifestait leur cercle pour des idées pareilles laissait une mauvaise impression ; les gens simples qui comprenaient l'islam d'une façon différente et les savants du camp des traditionnistes *ashâb al-hadîth* voyaient ces spéculations avec déplaisir.

12. TG I, p. 416-443 ; III, p. 331-342. Voir aussi, plus loin, p. 79 et 83.

Sous le calife al-Mahdî, le gouvernement réagit en menant des enquêtes et en procédant à des destitutions, car la plupart des « crypto-manichéens » étaient des fonctionnaires[13].

Nos sources sont ici un peu plus prolixes. Néanmoins le détail des événements nous échappe. Nous ne possédons pas les dossiers des procès, et les récits sont rarement fiables ou contemporains des faits. Il semble que, de façon générale, on se soit abstenu de condamner quelqu'un à mort. Mais, pour un certain temps, un poste nouveau fut créé, celui d'inquisiteur *(sâhib al-zanâdiqa)* : on avait donc pris la situation au sérieux. Dès ce moment, il devint clair que le manichéisme n'était pas compatible avec l'islam. Déjà pendant la persécution, le mot *zandaqa*, hérésie dualiste, avait été utilisé comme procédé de calomnie parmi les intellectuels eux-mêmes, qui se livraient à des dénonciations réciproques[14]. Peu après, le même mot devint un terme juridique. Désormais, quiconque commettait la *zandaqa* méritait d'être condamné à mort. La seule question qui restait en suspens était de savoir s'il fallait accorder au condamné, avant la mise à exécution, la possibilité de se repentir. Juridiquement parlant, cette manière de procéder était plus ou moins logique et conséquente, car elle respectait la profession de foi : *lâ ilâha illâ 'llâh* de la *chahâda* qui provient du Coran (sourate XXXVII, 35). La *chahâda* fait partie de l'autodéfinition de l'islam dont j'ai parlé. La deuxième moitié de cette confession de foi se trouve également dans le Coran (sourate XLVIII, 29). Nous ne savons pas à quel moment les deux expressions furent rassemblées, mais cela se produisit suffisamment tôt, de toute façon longtemps avant que le procès à Damas eût lieu ; les monnaies frappées sous 'Abdelmalik en témoignent déjà. Désormais la *chahâda* sera pour toujours le symbole de l'identité islamique.

---

13. TG III, p. 20-22.
14. TG I, p. 443-450.

L'origine étrangère de la *zandaqa* était évidente pour un Arabe qui entendait prononcer le mot, dont la morphologie ne laissait aucun doute sur le fait qu'il s'agissait de persan. *Zandîq* est dérivé de *zand*, le commentaire de l'Avesta ; et à l'époque sassanide, les manichéens avaient déjà acquis la douteuse réputation de développer une exégèse très personnelle de la doctrine mazdéenne[15]. Au début, cela importait peu pour les musulmans ; les Omeyyades avaient toléré les manichéens et s'étaient même servis d'eux contre l'ancienne bureaucratie sassanide. Mais lorsque les Abbassides transférèrent le centre de l'empire de Syrie en Irak et fondèrent la nouvelle capitale de Bagdad à proximité des ruines de l'ancienne Ctésiphon, la chose prit une autre tournure, et la persécution qui commença eut recours au même terme infamant qu'avaient déjà créé les Sassanides. La plupart des Arabes ne connaissaient pas son étymologie, et bientôt les sources l'appliquèrent à toutes sortes de déviations hérétiques. Mais en fin de compte on se mit à désigner par ce mot plus qu'une simple erreur, à savoir l'incroyance. Pour cette raison, la punition devait correspondre à celle prévue pour l'apostasie.

C'est à ce moment que les théologiens entrèrent en jeu. Car les juristes étaient surtout responsables du châtiment, tandis que les théologiens devaient s'occuper de la définition de l'hérésie et de la réfutation des arguments de ses partisans. Les autorités voulaient savoir à quel moment la simple erreur se change en incroyance. Bien souvent, l'hérésiographie n'est pas seulement une affaire théorique ; en produisant une liste de déviations, elle offre des catégories pouvant fonder les mesures de prévention et de persécution. Nous pouvons supputer qu'à l'époque des événements, sous le calife al-Mahdî, les théologiens avaient joué le rôle de chiens de garde en faveur de l'islam, approuvés sinon encou-

15. TG I, p. 417 s.

ragés par le gouvernement. Nous savons que plusieurs d'entre eux, encore jeunes et pressés de faire carrière, écrivirent des pamphlets contre les adhérents de la *zandaqa*[16]. Cependant ils commencèrent très tôt à s'entre-déchirer. Ils le firent d'abord de manière sportive, recourant aux discussions et aux disputations, mais peu à peu ils devinrent plus agressifs. Celui qui élevait un mur autour de l'islam se devait de désigner qui resterait en dehors, et en conséquence le monothéisme ou la prophétie de Muhammad n'étaient plus conçus comme les seuls critères de vérité. Les théologiens croyaient à la puissance de la raison, car ils ne pouvaient pas conduire un débat avec les mécréants en prenant pour base le Coran ou la tradition. En outre, ils étaient quasi sûrs de l'emporter dans ces controverses interreligieuses ; comme ils étaient « du bon côté », un échec de leur entreprise était pratiquement exclu. Des faits improuvables ou inexplicables, des « mystères » comme aurait dit un chrétien, ne semblaient pas y exister. C'est pourquoi ils n'eurent aucun scrupule à soutenir que la façon dont ils comprenaient l'islam eux-mêmes fût la seule valable, même au sein de leur propre camp ; ils étaient rationalistes et, comme tels, toujours sûrs d'eux-mêmes. Ainsi, lorsqu'un de leurs collègues exprimait des opinions trop personnelles, ils avaient tendance à les qualifier également d'« incroyance ». D'une certaine manière, ce n'étaient que paroles ; on voulait seulement dire : celui qui croit à de telles choses sera certainement damné. À l'opposé des cas mentionnés auparavant, ces attaques verbales n'avaient pas, en général, de conséquences sur l'intégrité physique de ceux que l'on critiquait. Mais les polémiques contenaient le germe d'une radicalisation. En effet, les théologiens, mu'tazilites et autres, essayaient parfois de livrer les dissidents en pâture à la police. C'est ce qui advint

16. Cf. TG, index IV, p. 976 s.v. « *Radd 'alâ 'l-zanâdiqa* ».

au mu'tazilite al-Mu'ammar [17] et, après lui, à son collègue Ibn al-Râwandî [18].

V

Voilà donc le fameux *takfîr* (anathème) ! Mais d'où venait la répugnance à l'égard de cette attitude ? On pourrait répondre qu'elle se trouve déjà dans le Coran, en renvoyant au *lâ ikrâh fî 'l-dîn*, « pas de contrainte dans la religion », de la sourate II, 256. Mais on n'a jamais argumenté de cette manière dans l'islam classique, et le verset cité n'y a pas joué un rôle spectaculaire. Ce qui a été décisif dans la réticence des musulmans du Moyen Âge est plutôt un fait historique : le khârijisme. Les khârijites avaient été les premiers à pratiquer l'anathème et, pour cette raison, ils continuèrent à susciter de mauvais souvenirs. Ils se considéraient comme les seuls vrais musulmans. Ils le firent, tout d'abord, pour des raisons plus politiques que religieuses ; mais ils s'obstinèrent à reproduire l'exode qu'avait effectué le Prophète de manière exemplaire dans la *hijra*, et ils se retirèrent dans des régions où ils pouvaient vivre seuls, le désert ou la périphérie du monde musulman. C'était un schisme qui résultait de la prétention à une sainteté exclusive. Aussi les khârijites détestaient-ils les mariages mixtes avec d'autres musulmans ; de plus, ils combattirent leurs coreligionnaires partout où ils le purent. Car ils pensaient avoir affaire non pas à des musulmans de moindre qualité mais tout simplement à des mécréants, des mécréants qui avaient, du reste, sciemment rejeté la vraie foi. Avec ce postulat, ils étaient capables d'appliquer à leurs propres coreligionnaires tout ce qui avait été dit sur les païens dans le Coran. Désormais, non seulement

17. TG III, p. 65.
18. TG IV, p. 296 et 299-304.

étaient-ils convaincus que tous les autres musulmans iraient en enfer, mais ils se sentaient autorisés à mener le *jihâd* contre eux. Aussi la majorité des croyants les tenaient-ils non seulement pour des schismatiques extrémistes, mais aussi pour des brigands *(bughât)* et des terroristes[19]. Cette image leur fut associée à jamais, même après qu'ils se transformèrent en communautés paisibles ou qu'ils disparurent complètement de régions entières. Dès ce moment, il devint normal d'identifier la pratique du *takfîr* avec l'exclusivisme et l'extrémisme.

Les théologiens de la cour que j'ai mentionnés, des mu'tazilites pour la plupart, prenaient ce fait en considération. Ils se gardaient bien de se détacher de la communauté ; ils ne voulaient que définir le Credo avec plus de précision. Les doctrines qu'ils détestaient le plus étaient l'anthropomorphisme et la prédestination ; avec elles, pensaient-ils, les frontières vers l'incroyance avaient été franchies. Mais ils ne pouvaient pas éviter de se trouver en mauvaise compagnie à cause du langage utilisé. Leurs adversaires virent leurs pressentiments confirmés quand les mu'tazilites furent impliqués dans une persécution religieuse qui servait quelque peu leurs buts, la *mihna*. Celle-ci avait été déclenchée par le calife. Je ne m'étendrai pas là-dessus[20]. Ce qui importe ici est seulement le fait que les théologiens se trouvaient du côté des persécuteurs ; ils ajoutaient à l'action de l'État une certaine arrogance. On n'avait nulle honte de préciser clairement aux victimes qu'ils devaient leur situation à leur stupidité qui les avait fait s'égarer. Il est vrai que personne ne fut exécuté. Quant aux circonstances qui ont conduit Ahmad b. Hanbal, la victime la plus éminente – tout au moins au regard de la tradition postérieure –, à être fouetté pendant une disputation, elles demeurent

19. Voir plus loin, p. 113.

20. TG III, p. 446-481 ; voir aussi plus haut, p. 14.

controversées[21]. Il reste que le calife essaya de paralyser tout le « système » des opposants en interdisant à leurs juristes d'exercer leur profession. Cela n'entraîna pas seulement la destitution des juges, mais aussi l'interdiction de pratiquer imposée aux muftis qui étaient consultés par le peuple pieux dans ses affaires religieuses. On trouva cette décision scandaleuse, car ceux qui travaillaient dans la judicature, y compris les témoins professionnels qui étaient indispensables à la vérification de chaque document officiel, étaient comptés parmi les notables, les *probi homines*, les « prud'hommes ». Le peuple prit parti pour les victimes ; la persécution fut perçue comme une épreuve, une tribulation *(mihna)*. Les théologiens de la cour, à leur tour, perdirent entièrement le contact avec les masses.

L'affaire tourna mal. Quinze ans plus tard, les mesures du gouvernement durent être révoquées. L'événement deviendra une expérience majeure du monde sunnite, et jusqu'à nos jours il est commémoré dans de nombreux récits populaires. Le peuple avait remporté une victoire sur le pouvoir – du moins était-ce là l'impression qu'on en avait ; les victimes pieuses furent considérées comme les martyrs d'une cause juste. Le calife avait perdu la partie, et désormais toute politique religieuse menée par le gouvernement risquait de manquer de l'appui nécessaire. À partir de ce moment, les spécialistes des traditions prophétiques, *ashâb al-hadîth,* réussirent à former un bloc à part ; il leur appartenait d'interpréter la loi divine et de décider de coopérer ou non avec le gouvernement. La théologie était discréditée ; ses représentants avaient abusé de la raison en exerçant une pression sur ceux qui soutenaient des avis contraires aux leurs. L'aspect odieux de l'anathème, du *takfîr*, l'angoisse qu'il suscitait et qu'évoquent les récits historiques, furent associés à un avis

21. *Ibid.*, p. 461-465.

négatif porté sur toute argumentation théologique et dialectique. Ce qui importe, encore une fois, est la perception de l'histoire, le *Geschichtsbild*, c'est-à-dire l'image inculquée dans la mémoire collective. Il fallut du temps pour que cette évolution s'affirmât, et la théologie rationnelle ne s'éteignit jamais complètement. Mais pour beaucoup, la pensée dialectique avait maintenant mauvaise réputation ; elle pouvait être comprise comme éristique, et l'anathématisation fut assimilée à de l'arrogance et de la prétention. En conséquence, ce ne fut pas la théologie qui se plaça à la tête des sciences comme dans le Moyen Âge chrétien, et encore moins la philosophie. Ce fut la jurisprudence qui devint la discipline principale. Ainsi, nous voilà de nouveau en face de la petite différence. En islam, l'expertise religieuse restait entre les mains de ceux qui furent appelés plus tard les *'ulamâ'*, les membres d'une classe de savants d'origine bourgeoise, qui expliquaient la foi à d'autres bourgeois moyennant une exégèse du Coran et résolvaient leurs problèmes quotidiens par leurs conseils juridiques. Or, la catégorie qu'ils utilisaient pour rétablir l'ordre était le consensus, terme que j'utilise ici dans son sens sociologique, et non pas dans le sens restreint qu'il a pris en islam dans la loi religieuse.

VI

Ce consensus social ne fut jamais institutionnalisé. Il ne fut pas consacré officiellement par des synodes ou des conciles, car personne n'aurait pu les convoquer. Le « système » – s'il est permis d'utiliser ce terme – était extrêmement informel. Chaque juriste de bonne formation avait le droit de prononcer des opinions juridiques à partir de certaines présuppositions, et le vote minoritaire était un signe de la miséricorde divine, comme nous l'avons vu. Naturellement l'espace de la liberté de décision fut restreint par l'accroissement des consensus, mais comme un consensus, *ijmâ'*, juridique n'était constaté qu'*a posteriori*, il n'exerça sa pleine capacité à cimenter les choses qu'au moment où la société elle-même avait déjà donné son agrément. La question de savoir quel mouvement formait une secte et lequel ne l'était pas ne fut pas tranchée par le dogme, mais par l'avis de la majorité locale ou encore par l'insuccès de la minorité ; la persécution n'était pas une affaire de définitions et de lois mais de circonstances et de tempérament. Pourtant, la situation était loin d'être idéale. Les hanbalites, c'est-à-dire les anciennes victimes de l'inquisition et leurs successeurs, rendirent à leurs adversaires la monnaie de leur pièce. Leurs organisations d'autodéfense (les *'aiyârûn*, les *ahdâth*) portaient la terreur dans les quartiers ennemis ; à plus forte raison, les déviationnistes de leur propre camp furent forcés à révoquer leur opinion.

Mais la tolérance sociale put être quand même préservée. Les juristes s'intéressaient principalement à ce que quelqu'un avait fait, et non pas à ce qu'il avait pensé. Jusqu'à preuve du contraire, on se sentait tenu de garder une bonne opinion *(husn al-zann)* de chaque coreligionnaire, les péchés commis par quelqu'un restant une affaire entre lui et Dieu tant qu'il ne faisait pas de tort à quelqu'un. Il y avait naturellement toujours le danger qu'un théologien ou un juriste excitât les masses contre quelqu'un qui n'était pas bien vu, un réprouvé, un adversaire ou contre un groupe dissident. Mais lorsque le gouvernement voulait faire un exemple il devait au préalable établir un *ijmâ'*, un consensus des juristes, et normalement cela ne se passait pas sans plusieurs fatwas émises par les différentes écoles juridiques (comme dans le cas de Hallâj). En général, les autorités séculières étaient intéressées non pas tant à supprimer l'hérésie qu'à éviter les embrasements populaires qui en résultaient, et il arriva très rarement que les *'ulamâ'*, qui avaient en charge le domaine spirituel, demandent à leur tour le secours du bras séculier comme le faisait l'Église dans le christianisme.

Il n'est pas facile de décrire les mécanismes qui opéraient ici. Ce qu'il importe de relever c'est que presque rien n'était réglementé au plan officiel. Si l'« orthodoxie » de quelqu'un était tenue pour suspecte, celui-ci était traité avec une certaine réserve. On s'abstenait de lui donner une fille en mariage ; on ne lui rendait pas visite lorsqu'il était malade, et l'on n'assistait pas à ses funérailles. Surtout on hésitait à le saluer, car on se saluait avec une formule de bénédiction, et les gens pieux eurent tendance à réserver cette bénédiction à ceux qui partageaient leur foi. Cela valait d'ailleurs aussi pour le *chalom* des juifs. Tant que l'on ne considérait pas quelqu'un comme membre de sa propre confession, on ne faisait que lui *rendre* son salut, et pas toujours de façon aimable. Un savant qui n'était pas orthodoxe pouvait être boycotté ; et quand il n'avait plus d'étudiants, ses livres n'étaient plus copiés. Quand un prédicateur impopulaire était destitué ou chassé, sa chaire était nettoyée à grande eau. D'autre part, on pouvait manifester l'estime qu'on portait à quelqu'un en faisant la prière derrière lui ; car il y avait des mosquées en nombre suffisant pour permettre de choisir son imam, et c'est seulement le vendredi, quand tout le monde allait à la Grande Mosquée où le calife ou son représentant conduisait la prière, que l'on risquait d'entrer en conflit avec ses propres convictions. Pendant les funérailles, le rang social de celui qui faisait la prière sur le mort révélait ce que l'on pensait de l'orthodoxie du défunt. Même dans les métropoles, la réputation personnelle ne perdait pas de son importance ; on vivait dans une société segmentaire qui ne connaissait pas encore l'anonymat moderne. Quant aux savants, une riche littérature biographique nous a conservé les jugements de valeur qui leur furent appliqués, et les critères en étaient toujours religieux[22].

22. TG IV, p. 676-678 et 680 s.

Ces jugements de valeur étaient conservateurs. Cela pouvait difficilement être autrement dans une société fondée sur le consensus. L'harmonie intercommunautaire était plus importante que l'originalité. Dans la doctrine aussi bien que dans le comportement personnel, on penchait vers un juste milieu généralement accepté. Au regard de cet arrière-plan, les deux grandes confessions de l'islam choisirent les termes avec lesquels elles désignaient ceux qui s'écartaient de la norme. Ce sont des « exagérateurs » *(ghulât)*, disaient les chiites lorsqu'ils ne voulaient plus être associés avec les idiosyncrasies de leur propre passé[23]. Ils introduisent des innovations *(ahdâth, bida')*, disaient les sunnites en opposant l'attitude des hérétiques à leur propre traditionalisme. D'une certaine façon, le terme « innovation » correspond à la mentalité de toute religion dont l'apogée se situe au début, du fait de la révélation. Les Byzantins parlaient de *neoterismós*, et Tertullien fait allusion à la *novellitas* des sectaires. Le texte latin qui donna à la théologie chrétienne la définition populaire de l'orthodoxie, le *Commonitorium* de Vincent de Lérins, porte le sous-titre : « Plaidoyer pour l'ancienneté et l'universalité de la foi catholique contre les *innovations* impies de tous les hérétiques. » La notion contient une bonne dose de critique à l'égard du présent et de nostalgie pour le bon vieux temps, attitude qu'on trouve partout et à toute époque. Mais cela dit, les sunnites y étaient, à un certain degré, prédisposés ; la notion de *bid'a* accompagnait, comme son opposé, le concept de la coutume ancienne, la *sunna*, qui fut légitimée par l'autorité du Prophète. C'est pourquoi le terme « innovation » finit par désigner non seulement l'aberration doctrinale mais aussi, et même plus, les pratiques répréhensibles : les additions à la prière

23. Pour l'origine du terme chez les chiites, voir TG I, p. 377 et 385 ; cf. sourate IV, 171 et V, 77.

rituelle, les extravagances de la récitation coranique, les usages populaires pendant le ramadan ou pendant les fêtes religieuses, les excès de la plainte funèbre ou la participation des femmes aux funérailles[24].

C'est justement parce que, de manière typiquement musulmane, on faisait attention à l'orthopraxie plus qu'à l'orthodoxie qu'une autre chose est également vraie, à savoir le fait que ce qui est nouveau aujourd'hui sera ancien demain. Les dogmes peuvent se pétrifier et résister ainsi à tout changement de discours ou de perspective ; certaines phrases du Credo chrétien en sont un bon exemple. Les innovations dont parlait l'islam étaient quelque chose de différent : le café ou le tabac avaient été, à un certain moment, des innovations attaquées avec force arguments théologiques et juridiques, mais un peu plus tard, tout le monde en acceptait l'usage. Aussi commençait-on de bonne heure à différencier entre des innovations qui étaient bonnes et d'autres qui étaient mauvaises ou, pour le dire dans le vocabulaire raffiné des juristes, entre les innovations haïssables, permises et recommandables. On n'aurait jamais pu parler d'*hérésies* bonnes et mauvaises. Par conséquent, même l'innovation la plus inacceptable ne résultait pas d'une rébellion contre Dieu mais d'une confusion mentale. On pouvait la réprouver, et l'on se devait de le faire, mais il ne fallait pas recourir à la justice à son encontre.

VII

À cet égard il est sans doute opportun de citer un grand théologien, al-Ghazzâlî (450/1058-505/1111). Dans son *Tahâfut al-falâsifa*, Ghazzâlî avait désigné le point où la doctrine des philo-

24. TG IV, p. 678 s. et 687.

sophes dégénérait en incroyance ; il savait donc de quoi il parlait. Mais, quelques années plus tard, et après une crise spirituelle qui le fit douter de la toute-puissance de la raison et des chamailleries intellectuelles, il écrivit un traité sur la distinction entre l'islam et la *zandaqa*[25] où il mettait ses lecteurs en garde contre l'usage hâtif du terme *kufr* (hérésie). L'incroyance, dit-il, est une catégorie purement juridique – un chrétien n'aurait jamais dit cela. Ghazzâlî pouvait soutenir cette formulation parce qu'il savait que l'incroyance entraîne certaines conséquences : on n'hérite pas d'un mécréant, on peut le tuer s'il n'est pas sous la protection d'une autorité musulmane, etc. Mais tout cela, poursuit Ghazzâlî, ne s'applique, parmi les musulmans, qu'à l'apostat, et l'on ne commet l'apostasie que quand on nie des dogmes essentiels : le monothéisme, la prophétie de Muhammad et le Jugement dernier. Ce catalogue restreint suit de nouveau la *chahâda* ; seul le Jugement dernier a été rajouté. Celui-ci implique naturellement l'acceptation des commandements divins, mais seule la personne qui rejette entièrement la Loi, à savoir l'antinomiste, est un mécréant. Ghazzâlî a écrit un traité contre ce courant, la *Ibâhiyya*.

En outre, Ghazzâlî saisit l'occasion pour s'engager, dans le même texte *(Faysal al-tafriqa)*, dans un plaidoyer en faveur de la conciliation et de la réserve. Il savait que sunnites et chiites coexistaient difficilement, mais il recommandait à quiconque est accusé d'hérésie de ne pas rendre l'insulte, car Dieu est généreux envers les hommes et il faut toujours suivre son exemple. Certes, tout dépend de la manière dont on interprète l'Écriture ; la fausse exégèse, le *ta'wîl*, est la racine de toute déviation et aberration. Mais on doit toujours s'en tenir à l'accord unanime, et si quelqu'un ne s'y plie pas il faut nous souvenir que le consensus n'est

25. *Faisal al-tafriqa baina 'l islâm wa 'l zandaqa,* écrit avant le *Mustasfâ* et le *Munqidh min al-dalâl,* mais après le *Tahâfut.*

pas connu de tout le monde ; il n'est pas fixé, et il n'est pas le même partout et à chaque époque. Il faut admettre que, selon une fameuse tradition prophétique, une seule parmi les soixante-treize sectes musulmanes obtiendrait le salut. Mais ce hadîth, poursuit Ghazzâlî, n'est pas fiable ; on doit lui préférer une variante suivant laquelle un seul des soixante-treize groupes qui constituent l'islam périra. Ghazzâlî a donc été très loin dans sa défense de la tolérance et de la paix : il n'hésita pas à changer un mot du Prophète qui semblait donner raison à ceux qui pensaient avoir le monopole du salut, de manière à produire une formule d'espoir disant que presque tous les musulmans seront finalement sauvés. À l'époque de Ghazzâlî, la majorité des musulmans, ceux que nous appelons sunnites aujourd'hui, avaient cessé de croire qu'il y aurait, parmi les musulmans, c'est-à-dire les *ahl al-qibla*, des groupes qui seraient voués à la damnation éternelle ; tous seraient plutôt finalement sauvés par la *chahâda*. Même les hérétiques et les innovateurs n'auraient à craindre qu'une sorte de purgatoire. Plus encore : même si un vrai mécréant péchait par ignorance de l'islam il serait, dit Ghazzâlî, pardonné par Dieu.

Bien entendu, il convient de se demander à quel point Ghazzâlî, en dépit de toute sa renommée, représente l'islam en tant que tel. Il ne fait pas de doute que ce qu'il disait constituait d'abord un postulat, de la théorie, et non pas la réalité. Or, déjà Ach'arî, dans la tradition duquel Ghazzâlî avait été formé, aurait affirmé à l'heure de sa mort : « J'atteste que je n'anathématise personne parmi mes frères (les *ahl al-qibla*). Car ils s'adressent tous au même Dieu ; les différences se cantonnent au niveau verbal. » Il est possible que ces paroles soient apocryphes ; on en a attribué d'autres à Ach'arî mourant. Cependant, leur évocation est en soi révélatrice, car Ach'arî, aussi bien que Ghazzâlî, représente ce juste milieu qui évitait les deux extrêmes de la grande persécution, les anathèmes des inquisiteurs mu'tazilites aussi bien que ceux de leurs victimes hanbalites, attitude qui devint la règle de conduite pour la théologie sunnite postérieure[26]. Ricoldo da Montecroce, un moine dominicain qui voyageait en Orient vers la fin du XIIIe siècle, s'indigne du fait que les musulmans ne suivent pas la maxime selon laquelle la voie du salut est étroite car, dit-il, « même lorsqu'ils se contentent de réciter qu'"Il n'y a de Dieu que Dieu, et Muhammad est Son envoyé" », cela signifie pour eux qu'ils obtiendront sûrement le salut. Tous les Sarrasins conviennent de l'avis qu'un Sarrasin ne doit que dire cela afin d'être sauvé, même s'il a commis tous les péchés du monde. En dépit du fait qu'ils ont fixé pas mal d'interdictions dans leur loi, à savoir le Coran, le pécheur ne subira aucune peine... Nous pouvons donc appeler leur Loi permissive. Satan, en sa malice, l'a prévu de sorte que ceux qui ne veulent pas monter vers la béatitude par la voie étroite prennent la route large de l'enfer[27]. »

On peut se demander si cette route large n'était pas finalement la meilleure. L'Islam n'a pas connu de guerres de religion au sens strict du terme, comme on en a eues en Europe. Que l'islam puisse être aussi militant que le christianisme, cela reste pourtant vrai ; le danger de l'idéologisation de la religion existe partout. Ceux qui portent atteinte à la dignité du Prophète, même sans la nier directement : les bahaï et les ahmadiyya parce qu'ils postulent un autre messager divin après lui, Salman Rushdie parce qu'il diffame la personne de Muhammad par la parodie littéraire, peuvent être sûrs d'encourir le courroux de la majorité. Il semble que, de nos jours, l'« hérésie » se définisse par rapport au concept de la prophétie et de la sainteté du Prophète,

---

26. TG IV, p. 677 s. ; pour l'époque mamelouke, cf. maintenant E. GEOFFROY, *Le Soufisme en Égypte et en Syrie*, Damas, 1995, p. 380-385.

27. J. C. M. LAURENT, *Peregrinatores medii aevi quattuor*, Leipzig, 1864, p. 135, chap. XXX, p. 4 s.

plutôt que du *tawhîd*, à savoir le concept de l'unicité divine ; la deuxième moitié de la *chahâda* est soulignée avec plus d'emphase que la première. Il conviendrait de s'interroger sur les raisons de ce changement de perspective. Chez Ghazzâlî, dans son *Tahâfut al-falâsifa*, ce n'est pas encore le cas. La peur de l'hérésie n'a certainement pas disparu ; nous sommes témoins de la création de nouvelles orthodoxies, par les médias, par l'argent saoudien, par des mouvements politico-religieux. Mais c'est un phénomène qu'on devrait traiter à part. En ce qui concerne l'islam classique, nous pouvons dire, en dépit de tout, que les juristes, quelque suspects qu'ils soient devenus pour nous, traitaient la question avec plus de souplesse que nous ne l'attendrions de la part des théologiens ou, pour parler de notre époque, des politiciens. Les « innovations » qu'ils se sentaient obligés de stigmatiser n'ont mené personne au bûcher. L'« incroyance » contre laquelle les théologiens avaient dirigé leur polémique était, à l'instar de l'« écart » et de la « contre-révolution » de nos jours, un compagnon beaucoup plus désagréable.

2.

La théologie et le Coran : le *mi'râj* et le débat sur l'anthropomorphisme[1]

I

La montée au ciel est commune à Jésus et à Muhammad, soit à l'imaginaire religieux de l'islam et du christianisme. Mais le contexte est totalement différent dans l'un et l'autre cas. Pour les chrétiens, l'ascension de Jésus est la conséquence logique de la résurrection. Au contraire, le Coran ne parle pas de résurrection. Jésus est élevé au ciel directement de la croix, sans être mort dessus. Et lorsque Muhammad monta au ciel, il n'y resta pas, il revint sur terre. Son ascension marquait le début de sa carrière ; il fut, à cette occasion, initié à sa tâche, une tâche dont le succès était évident à tout le monde dans sa communauté. Par contraste, Jésus avait, au moment de son ascension, terminé sa mission terrestre et, de plus, il avait apparemment échoué ; en retournant

1. J'ai traité ce sujet de manière plus détaillée dans : M. A. AMIR-MOEZZI (éd.), *Le Voyage initiatique en terre d'islam*, Louvain-Paris, 1996, p. 27-56 ; cf. aussi TG IV, p. 373-424, surtout 387-391. Pour le problème de l'anthropomorphisme en général, cf. maintenant D. GIMARET, *Dieu à l'image de l'homme. Les anthropomorphismes de la* sunna *et leur interprétation par les théologiens*, Paris, 1997 ; Gimaret y rassemble les témoignages dans le domaine du hadîth.

au ciel, il montrait qu'en dépit de sa crucifixion il appartenait au royaume de Dieu. Il ne faut pas oublier que ce n'est que dans les langues occidentales que le terme « ascension » est appliqué aux deux événements à la fois. En arabe, il y en a deux : pour le Prophète, on parle de *mi'râj*, tandis que Jésus est « élevé » au ciel, *rafa'ahû llâh ilayhi*, comme dit le Coran (IV, 158 ; cf. III, 55). Jamais les musulmans n'ont comparé Muhammad à Jésus sous cet aspect. Ce fait saute aux yeux d'autant plus que les comparaisons comme telles ne manquaient pas, tout au moins pas dans la première phase de l'islam, comme en témoignent les hadîths. Mais ces comparaisons se référaient à d'autres prophètes, et elles se fondaient sur des idées purement coraniques : Abraham, à ce qu'on disait alors, était l'ami de Dieu *(khalîl Allâh)*, Moïse celui auquel Dieu avait parlé sur le Sinaï *(kalîm Allâh)*, et Muhammad finalement celui qui monta vers le ciel et y vit Dieu en personne. C'était plus qu'une comparaison, c'était un climax : intimité avec Dieu (Abraham), audition de Sa voix (Moïse), et vision de Son apparence. Climax qui présentait le cas sous un aspect nouveau, mais qui posait aussi des problèmes spécifiques.

On ne traitera pas ici des récits sur le *mi'râj* en tant que tels. Ils sont bien connus[2], et même si l'on ne se souvient pas des textes, les miniatures persanes qui les évoquent seront là pour nous les rappeler. Mais il faut souligner un point. Muhammad ne restait pas au ciel, comme je l'ai dit. Il ne fut pas réuni à Dieu après avoir été envoyé par celui-ci sur terre pour quelque temps. En réalité, ce qui advient, c'est plutôt qu'il rencontre Dieu au cours d'une audience. Et cette audience a un but particulier : Dieu lui prescrit le nombre de prières que sa communauté devra accomplir chaque jour. Au début, le Tout-Puissant est assez

2. Voir notamment *Le Livre de l'échelle de Mahomet*, Paris, Le Livre de Poche, 1991 ; Jamel-Eddine BENCHEIKH, *Le Voyage nocturne de Mahomet*, Paris, Imprimerie nationale, 1988.

exigeant : Il parle de cinquante prières. Muhammad est obligé de marchander, et il réussit à réduire leur nombre à cinq. Cela nous rappelle la scène de l'Ancien Testament où Abraham marchande, de semblable manière, pour le compte des justes qui vivent à Sodome et Gomorrhe et qui sont épargnés par Dieu quand Il « fit pleuvoir » sur les deux villes « des pierres d'argile amassées » comme dit le Coran (XI, 82). C'est d'ailleurs Moïse qui conseille au Prophète d'agir ainsi, Moïse qu'il a rencontré pendant son voyage à travers les sphères. Moïse et Abraham sont les deux derniers prophètes devant lesquels Muhammad passe, ceux qui sont le plus proche de Dieu dans leur rôle cosmique – et ceux avec qui il fut comparé dans la gradation tripartite que j'ai mentionnée.

II

On peut s'imaginer la fascination que ces contes ont exercée sur le public de l'époque. Cependant, ils avaient un grand défaut : rien de ce qu'ils relataient ne pouvait être retrouvé, de prime abord, dans l'Écriture proprement dite. Dans le Coran, le mot *mi'râj* n'apparaît qu'une fois, dans la sourate 70 où Dieu est appelé *dhû l-ma'ârij*, « le Maître des paliers ». Puis le texte se poursuit : « Les anges et l'Esprit montent vers Lui, durant un jour long de cinquante mille ans. » Mais c'était autre chose que le *mi'râj* ; le Prophète n'y était pas mentionné. Par conséquent, les exégètes durent se mettre en quête d'autres preuves et, de fait, ils ne s'appuyèrent jamais sur le passage cité mais sur deux autres qu'ils trouvèrent également dans le Coran. C'est d'abord le fameux premier verset de la sourate XVII :

> « Gloire à Celui qui a transporté Son serviteur, la nuit, de la Mosquée Sacrée à la Mosquée très Éloignée autour de laquelle Nous avons mis Notre bénédiction, afin de lui faire voir de Nos signes. »

Le verset est isolé et la suite n'apporte pas d'éclaircissements supplémentaires. Mais le mot « signes » *(min âyâtinâ)* pouvait être interprété comme une allusion à l'ascension ou à la vision. Et le *masjid al-aqsâ*, l'« ultime place de vénération », qui se trouvait à un endroit « autour duquel Nous avons mis notre bénédiction » pouvait être cherché, eu égard à l'épithète, dans la Terre sainte, à Jérusalem, et c'est là que l'on bâtit, à l'époque des Omeyyades, une mosquée que l'on se mit à appeler *al-Masjid al-aqsâ*. Muhammad avait voyagé, pendant la nuit, jusqu'à Jérusalem – ce fut là le résultat des réflexions. Or, ce n'était pas encore, à proprement parler, une ascension, car Muhammad faisait un voyage horizontal et non pas vertical. Il est vrai qu'il s'était rendu à l'endroit d'où Jésus était monté au ciel. Mais les musulmans avaient nulle envie de le comparer à Jésus, comme nous l'avons vu.

Prenons maintenant le deuxième passage du Coran. Ce passage est plus long, mais tout aussi mystérieux. Il acquit son importance du fait qu'il semblait contenir une allusion à une rencontre avec Dieu. Au début de la sourate al-Najm (LIII), le Coran parle de deux visions qu'avait eues le Prophète. Ce sont des textes peu ordinaires, car normalement Muhammad ne voit pas, il entend. Le Coran est le résultat d'auditions. Le passage est bien connu ; je le cite d'après la traduction de Jacques Berque[3] en y apportant quelques modifications que j'expliquerai plus loin :

> Par l'étoile quand elle décline !
> Votre compagnon ne s'égare ni n'est fol
> ni ne tient langage de passion.
> Ceci n'est que révélation à lui révélée

3. Jacques Berque, *Le Coran, un nouvel essai de traduction*, Paris, Albin Michel, 1995.

dont l'instruisit quelqu'un doté de puissance
et de sagacité. Il se tenait debout
à l'horizon suprême,
puis s'approcha jusqu'à rester suspendu.
Alors, se tenant à une distance de deux tensions d'arc,
[peut-être à moins,
il révéla à son serviteur ce qu'il [lui] révéla.
Le cœur n'a pas menti sur ce qu'il a vu.

et immédiatement après le récit sur la deuxième vision :

Or il l'avait vu descendre une autre fois
près du jujubier des confins
où se trouve le Jardin du refuge
quand couvrait le jujubier ce qui [le] couvrait.
Sa vue ne s'est ni détournée ni fixée ailleurs.
Certes, il a vu [l'un] des signes les plus grands de son Seigneur.

De nouveau, il y a donc un « signe », comme dans le cas de *masjid al-aqsâ*. Cette observation peut avoir amené les exégètes à combiner les deux passages. Le lieu de l'événement était plus vague que précédemment. Mais les visions en tant que telles y étaient assez concrètes, décrites d'une manière qui ne manquait pas d'exciter la curiosité. Fait frappant : le récit est donné à la troisième personne. On pouvait donc supposer que Dieu avait parlé par Sa propre voix ; Il semblait révéler un secret que personne n'avait pu connaître hormis le Prophète.

Cependant on ne savait pas tout à fait qui le Prophète avait vu. Quiconque entendait ou lisait ce passage devait en décider lui-même. L'exégèse moderne insiste d'habitude sur l'idée que le Prophète avait vu à cette occasion Gabriel. Mais quand ces versets ont été incorporés dans les traditions du *mi'râj*, il est pratiquement sûr que ceux qui en étaient responsables étaient convaincus que Muhammad avait vu Dieu plutôt que Gabriel.

Car la vision de Dieu était l'apogée de la gradation tripartite, comme nous l'avons vu ; l'audience accordée au Prophète ne se limitait pas à la simple perception de la voix divine qu'avait éprouvée Moïse sur le Sinaï. La seule difficulté était que le concept de Dieu qu'induisait cette idée risquait de faire scandale, car la vision semblait impliquer le *tachbîh*, l'anthropomorphisme, et l'anthropomorphisme était un problème qui préoccupait l'islam depuis que l'on avait commencé à y penser en termes théologiques. Dans le christianisme, la question était neutralisée par l'idée de l'incarnation. Il serait exagéré de dire qu'elle est devenue plus facile à comprendre par ce changement de perspective. Ce n'est pas par hasard que Tertullien, le père de l'Église africaine, dit dans son traité *De carne Christi*, « Sur la chair de Jésus-Christ » : *Certum est quia impossibile*, « [l'incarnation] est une certitude *parce qu'*elle est impossible ». Un musulman ne se serait jamais exprimé de cette façon. D'autre part, trouver une explication rationnelle de la visibilité de Dieu n'était pas facile non plus.

Les contradictions internes furent soulignées par le Coran lui-même. Car un passage postérieur qui se trouve dans la sourate al-Takwîr contient une allusion à l'une des deux visions de la sourate al-Najm : « Votre compagnon n'est point possédé. Certes, il l'a vu à l'horizon éclatant » (LXXXI, 23). On retrouve la même imprécision : « Il l'a vu. » Mais dans un verset antérieur la personne qu'il a vue est identifiée comme un « vénérable messager, doté de force, chez le Maître du Trône ». Il ne peut d'aucune façon s'agir de Dieu ; un « vénérable messager » est normalement un ange.

Notre problème est-il résolu par ce parallèle ? Peut-être pour un lecteur de notre époque, mais non pas pour les exégètes dont nous parlons. Et pour nous-mêmes, la question se pose plutôt au plan historique. Déjà la pensée juive s'était accoutumée à se débarrasser du scandale des anthropomorphismes en tenant les constats sur Dieu pour des constats sur un ange. L'ange Métatrone joue ce rôle dans certains passages du Talmud. La cabale poursuit sur la même voie. L'ange pouvait alors se charger des fonctions du Créateur, c'était comme une espèce de démiurge, « quelqu'un qui est obéi », *mutâ'*, disaient les musulmans [4]; en fait, c'est le terme qui apparaît ici dans la sourate al-Takwîr (LXXXI, 21). Les conditions de base avaient changé. Les versets de la sourate al-Takwîr sont certainement postérieurs à ceux de la sourate al-Najm, car maintenant la vision n'est plus décrite en détail, elle est simplement mentionnée comme quelque chose de connu d'avance. L'auditoire auquel la sourate al-Takwîr s'adresse peut avoir vécu à Médine où la communauté juive écoutait, d'une oreille critique, les révélations du Prophète. Quoi qu'il en soit, la citation postérieure n'exclut pas qu'avant, dans la sourate al-Najm, c'est Dieu que Muhammad pensa avoir vu ; car, à la fin de la première vision, le texte dit de la personne qui s'est approchée du Prophète : « Il révéla à son serviteur ce qu'il lui révéla. » « Son serviteur » *('abduh)* ne peut être compris ici que comme « le serviteur de Dieu », à savoir Muhammad. Si cela est vrai, celui qui révèle n'est plus un « vénérable messager », c'est Dieu lui-même, et Dieu serait alors aussi l'objet de la vision.

Or, nous devons prendre en compte la chose suivante : selon le Coran, le Prophète ne vit pas Dieu pendant qu'il était lui-même au ciel mais lorsqu'il était quelque part sur terre. Il le vit « à l'horizon suprême », et il le vit, comme il est dit au début de la deuxième vision, « descendre une autre fois » *(nazlatan ukhrâ)*. Donc, ce n'est pas le Prophète qui monte vers Dieu, mais c'est Dieu qui descend vers Muhammad. D'autre part, il est dit immédiatement après qu'il le vit « près du jujubier des confins *(sidrat al-muntahâ)* où se trouve le Jardin du refuge ». Cela sonne

4. Par exemple, plus tard, Ghazzâlî dans son *Michkât al-anwâr.*

comme un code pour le paradis, où le « Jardin du refuge » *(jannat al-maq'wâ)* désigne l'endroit où les bienheureux se reposeront pendant ou après le Jugement (cf. sourate XXXII,19) ; quant au « jujubier », il marque les « confins », la limite du saint des saints où réside Dieu lui-même. Néanmoins, Dieu pouvait « descendre » vers ce point, car à cette époque on en était encore à s'imaginer que le paradis se trouvait sur terre. Il n'est donc pas nécessaire que nous suivions l'idée soutenue par un certain nombre d'orientalistes du passé (de Grimme et Caetani à Richard Bell et Régis Blachère) qui voyaient dans le « Jardin du refuge » simplement une plantation près de La Mecque, peut-être une villa, une sorte de Mourepos pour citadin aisé, et dans le « jujubier des confins » un arbre quelconque qui se trouvait à la frontière du sanctuaire mecquois. En tout cas, l'exégèse musulmane n'a jamais douté que la rencontre avait eu lieu au paradis, bien que celui-ci se trouvât peut-être sur terre. Le « jujubier des confins » devint alors quelque chose comme l'emblème de l'ascension du Prophète. Même si les récits de l'ascension ne reprennent rien d'autre de la sourate al-Najm, c'est cet arbre mythique qui marque le seuil ultime, le septième ciel. C'est là où les quatre fleuves du paradis prennent leur source. La situation exégétique devenait alors assez complexe. Deux alternatives entraient en concurrence : Dieu ou ange, ciel ou terre. Cela donnait quatre possibilités. En outre, il ne faut pas oublier qu'on avait affaire à deux visions, et non pas seulement à une. Pour une ascension, une d'elles aurait suffi; mais si le Prophète avait à marchander avec Dieu sur le nombre des prières, deux ne faisaient pas le compte.

III

Chaque exégèse, quelle qu'elle soit, scelle une décision théologique. Cependant, dans notre cas comme dans tous les autres, elle n'est pas le fruit d'une imagination qui flotte librement ; elle s'oriente en général d'après des modèles développés dans une tradition locale. On sait que le motif du voyage céleste s'était largement répandu dans l'Ancien Monde ; toute une littérature secondaire y est consacrée. Mais ce n'est pas le lieu de s'étendre sur la question des « influences » ; ce qui nous importe est la décision existentielle de l'exégète, la *Vorentscheidung*, son « préjugement ». Ceux qui reculaient devant l'anthropomorphisme se préparaient à croire bientôt que le Prophète avait vu Gabriel, et cela ici-bas. Il aurait été alors initié par l'ange dans sa tâche et aurait reçu de lui sa première révélation. C'est aussi la raison, comme notre exégète aurait poursuivi, pour laquelle cet événement est digne d'être mentionné dans le Coran ; car, à ce moment, Gabriel apparut au Prophète pour la première fois, et par surcroît dans sa vraie nature angélique, et non pas déguisé sous une forme humaine. La seule question qui restait alors à résoudre était de savoir pourquoi Muhammad avait vu Gabriel deux fois. Et au plan philologique, il fallait naturellement s'attaquer à la difficulté du pronom personnel dans la phrase : « Il révéla à son serviteur ce qu'il révéla. » Malgré cela, cette vision des choses fut acceptée par la majorité ; elle se trouve déjà chez Ibn Ishâq dans sa biographie du Prophète, texte qui fut composé à Médine dans la première moitié du IIe siècle.

Quiconque procédait de cette manière ne pouvait plus concilier, strictement parlant, le récit de la sourate al-Najm avec le *mi'râj*. Beaucoup n'étaient pas disposés à s'en arranger, car on ne trouvait pas d'autre appui dans le Coran, et le hadîth seul n'avait pas encore acquis suffisamment d'autorité. Mais si l'on insistait pour prendre les deux passages de la sourate al-Najm comme preuve d'une vision de Dieu, on ne pouvait pas s'empêcher de se poser la question de savoir comment et sous quelle forme le Prophète avait vu Dieu. Les réponses que l'on donna constituent les premiers témoignages d'une réflexion théologique en notre possession. On les trouve dans la tradition prophétique, le hadîth. Fréquemment le hadîth n'est rien d'autre qu'une sorte d'exégèse déguisée. Comme on sait, une chaîne de transmetteurs, un *isnâd*, précède chaque tradition pour garantir sa fiabilité. L'exemple que je vais citer est intéressant parce que les personnes de cet *isnâd* sont incorporées dans une espèce de récit-cadre :

> Yahyâ rapporte : Je demandai à Abû Salama : « Quelle partie du Coran fut révélée en premier ? » Il répondit : « Ô toi couvert d'un manteau (sourate LXXIV). » Je dis : « (Mais) on m'a rapporté que c'est "Récite au nom de ton Seigneur… (sourate XCVI)" ? » Abû Salama répondit : « J'ai moi-même posé la question à Jâbir b. 'Abd Allâh et il a dit : "Ô toi couvert d'un manteau" et j'ai répondu comme toi qu'on m'avait rapporté que c'est "Récite au nom de ton Seigneur". (Jâbir) m'a alors répondu : "Je ne puis te rapporter que ce qu'a dit l'Envoyé de Dieu lui-même, à savoir : 'Je m'étais retiré sur le Mont Hirâ' pour me recueillir *(jâwartu fî Hirâ')*. Après avoir terminé ma retraite, je descendis vers le fond de la vallée. J'entendis alors une voix m'appeler. Je regardai autour de moi, en avant, en arrière, à droite et à gauche ; mais (seulement lorsque je dirigeai mon regard vers le haut)… *Le voici, assis sur son Trône, entre ciel et terre.* Je me rendis aussitôt auprès de Khadîja et (lui) dit : enveloppe-moi et verse sur moi de l'eau froide !' Alors (la révélation) descendit sur moi : 'Ô toi couvert d'un manteau ! Lève-toi et avertis ! Ton Seigneur, magnifie(-le).'" »

Le récit se termine avec les premiers versets de la sourate LXXIV, l'appel de Dieu par lequel Muhammad est préparé à sa mission prophétique. Cet appel est précédé par la vision. Mais le problème crucial se situe ailleurs. Une querelle opposait les savants sur l'identité de la première révélation « descendue » sur Muhammad. S'agit-il de la sourate LXXIV ou de la sourate XCVI ? Les deux partis défendaient leurs positions respectives en invoquant des autorités parmi les Compagnons ; c'est pourquoi leurs opinions ne pouvaient que prendre la forme de hadîth. La chaîne des transmetteurs nous montre que la dispute se déroulait à Médine ; là, dans la ville où le Prophète était mort, on pensait que les informations sur sa vie et ses expériences étaient plus précises qu'ailleurs.

Le Prophète voit donc Dieu dans toute sa grandeur et supériorité, assis sur Son trône. En tant qu'historiens des religions, cela ne nous étonne guère, car nous connaissons ce scénario de la Bible ou de l'ancien Orient : quand on voulait symboliser Dieu dans sa puissance seigneuriale, on le montrait assis sur son trône. Mais comme interprétation de la vision de la sourate al-Najm, l'image n'en est pas moins quelque peu étonnante, car bien que le Prophète voie Dieu « à l'horizon suprême » (« entre ciel et terre », comme dit notre hadîth dans sa reformulation exégétique), il ne semble pas être assis, selon le Coran ; plutôt *istawâ wa-huwa bi'l-ufuq al-a'lâ*, « il se tenait debout, à l'horizon suprême », comme traduit R. Blachère. Or nous devons, à cet endroit, recourir à la philologie. Les traductions sont toujours des interprétations, et en ce qui concerne le Coran, elles dépendent fréquemment encore de l'exégèse médiévale. Car le verbe *istawâ*, « se tenir debout », est équivoque. La posture indiquée peut signifier aussi bien qu'on est assis ; si, dans le Coran, le verbe est utilisé en relation avec Dieu, il apparaît normalement dans l'expression *istawâ 'alâ l-'arch*, « Dieu se tient debout sur son trône ». Dans la sourate al-Najm, on pouvait le comprendre de la même manière. D'autre part, le trône n'était plus de mise au moment où l'on rapportait la vision à Gabriel ; un ange n'est pas assis sur un trône, il est debout. Il reçoit des ordres, il est prêt à être envoyé quelque part, comme messager, mais il n'est pas un seigneur. Quand il est debout, il se trouve, nous dit Ibn Ishâq, « à pieds juxtaposés », à l'horizon suprême, comme une statue égyptienne pour ainsi dire, et alors il s'approche. Or, d'après notre hadîth, c'est plutôt le trône qui s'approche ; le trône descend porté par les airs *(tadallâ)*, comme un seau *(dalw)* dans un puits, jusqu'à ce qu'il soit à deux arcs ou moins *(qâba qawsayni aw adnâ)*. Dans cette intimité, l'oreille près de la bouche de Dieu, le Prophète reçoit sa première révélation.

Plus précisément, selon notre texte, Muhammad ne reçoit la révélation que chez lui, couvert d'un manteau ; mais le contenu du message reçu chez lui correspond exactement à ce qu'il aurait pu entendre auparavant de la bouche de Dieu : « Lève-toi et avertis ! Ton seigneur, magnifie(-le). » Il n'est pas encore tenu de transmettre un message particulier ; il est tout simplement initié. Il doit dorénavant magnifier le Seigneur, et il prend conscience de cette mission après être rentré chez lui et s'être couvert de son manteau pour se concentrer. Au moment même où se produisit la vision, il n'était pas encore préparé à recevoir le message ; il entendit une voix, mais il était tellement ébloui par l'apparition qu'il ne se rendit pas compte du sens de ce qu'il entendait.

IV

Il convient de s'arrêter ici un instant et de porter le regard en arrière. Car tout ce qui a été dit jusqu'à maintenant demeure hypothétique ; nos sources sont contradictoires, et la littérature secondaire offre des solutions divergentes. La première hypothèse est la plus facile à défendre : dans la phase initiale de l'exégèse coranique, il y eut des gens qui croyaient que, conformément au récit de la sourate al-Najm, Muhammad avait vu Dieu et non pas Gabriel. Cela contredit, comme je l'ai souligné, l'image du

Prophète telle que sa biographie canonique la présente. Mais la *Sîra* d'Ibn Ishâq n'était pas encore, à cette époque, un livre canonique ; les positions soutenues par l'auteur n'étaient pas toujours identiques à celles de ses contemporains. Il suffit de consulter le Commentaire, *Tafsîr*, de Tabarî pour s'en rendre compte. Tabarî lui-même n'appréciait pas du tout l'anthropomorphisme ; son scepticisme lui valut d'ailleurs d'être persécuté par les hanbalites de son temps [5]. Par conséquent, il interprétait les visions de la sourate al-Najm comme celles d'un ange, de Gabriel pour être précis. Pourtant, il cite 'Abdallâh b. 'Abbâs et Anas b. Mâlik comme ceux parmi les Compagnons du Prophète qui penchaient pour une vision de Dieu, ainsi que 'Ikrima, l'esclave et disciple d'Ibn 'Abbâs. Il mentionne même un mot de Ka'b al-Ahbâr qui soutenait précisément que le Prophète avait vu Dieu *deux fois*, en ajoutant, avec toute l'autorité d'un expert en judaïsme même s'il s'opposait à l'Ancien Testament, que Moïse avait également parlé avec Dieu deux fois[6]. Cela nous rappelle de nouveau l'ancien climax. De fait, c'était justement à Ibn 'Abbâs qu'il fut attribué : Abraham – Moïse – Muhammad, la vision étant l'expérience la plus profonde du divin, vision de Dieu *fî ahsani sûratin*, comme aurait dit Ibn 'Abbâs, c'est-à-dire comme Dieu bienveillant et miséricordieux, bien différent de l'aspect terrifiant qu'il aurait au Jugement dernier.

Mais il y avait aussi des traditions contraires, résultant d'un esprit transcendantaliste tel qu'il existe jusqu'à nos jours. On s'y réfère à 'Â'icha qui, dans le hadîth, est fréquemment l'interprète des expériences intimes de son époux. Or, 'Â'icha niait avec emphase que le Prophète eût jamais vu Dieu. Ailleurs, nous rencontrons des compromis de toute espèce. On disait, par

5. TG II, p. 642 ; III, p. 450-452 ; IV, p. 215.

6. *Jâmi'al-bayân 'an ta'wîl ây al-Qur'ân*, Le Caire, 1373-1954, vol. XXVII, 44 s.

exemple, que l'ascension, la vision et le voyage nocturne du Prophète *(isrâ')* n'avaient été rien d'autre qu'un rêve : « il vit Dieu » *(ra'â Allâh)*, mais « il vit dans son sommeil » *(ra'â fî nawmihî)*. On pouvait aussi prétendre que Muhammad n'avait pas vu Dieu réellement, « par ses yeux », mais seulement *bi'l qalb*, « dans son cœur ». Au fond, cette dernière explication revenait aussi à un rêve, voire un songe véridique. Car, comme il est dit dans la tradition, « les yeux du Prophète dorment, mais son cœur ne dort pas ». On savait par le Coran que l'âme se rend à Dieu pendant le sommeil tandis que le corps reste dans le lit. De plus, le récit de la vision se termine avec la phrase : *mâ kadhaba 'l-fu'âdu mâ ra'â*, « le cœur n'a pas menti sur ce qu'il a vu[7] ». Finalement on pouvait essayer de dématérialiser l'objet de la vision. Pour cela on peut se rapporter encore une fois à un hadîth. Un certain 'Abdallâh b. Chaqîq al-'Uqaylî raconte :

> [...] je dis à Abû Dharr (al-Ghifârî) : Si j'avais rencontré le Prophète, je lui aurais posé une question. – Laquelle ? – Je lui aurais demandé s'il a vu son Seigneur. – Mais je lui ai exactement posé cette question. – Et qu'a-t-il répondu ? – Il a répondu : De la lumière. Comment aurais-je pu Le voir ? *(nûr, annâ arâhu)*.

La dernière phrase est un peu difficile à interpréter ; il en existe d'ailleurs des variantes. Mais l'intention du récit est claire : La lumière n'a pas de forme ; Dieu n'apparaît donc sous aucune figure *(sûra)*, et la vision se réduit à une sorte d'éblouissement. D'une certaine manière, c'était cela la pierre philosophale, une vision qui ne contrariait pas la transcendance.

Or, toutes ces spéculations nous montrent aussi que l'on ne voulait pas renoncer au fait de la vision comme telle ; un ange ne

7. Ibn 'Abbâs aurait déjà utilisé cet argument (TABARÎ, *Tafsîr*, XXVII, 48, 3 s.) ; *fu'âd* et *qalb* sont synonymes.

suffisait pas. Cette prise de position n'était pas du tout isolée ou accessoire. Nous en trouvons des témoignages partout. Je me contente de rapporter un seul exemple, qui pourrait sembler exotique mais qui reflète, comme dans un miroir, le vaste accord qui soutenait l'idée. Vers 160 de l'hégire, un personnage étrange, un « hérétique », selon nos sources musulmanes, déclencha une révolte contre le gouvernement abbasside en Iran oriental et en Asie centrale. C'était le Muqanna', un homme qui se voilait et à qui l'on attribuait des miracles ; Jorge Luis Borges l'a évoqué dans un de ses essais[8]. Le Muqanna' croyait que Dieu s'incorporait dans les prophètes, la première fois dans Adam quand Il le créa *'alâ sûratihî*, suivant son image, et bien entendu dans Jésus aussi et enfin dans Muhammad. Il serait entré dans le corps de Muhammad pendant la vision de ce dernier, car en ce moment il était « à deux arcs ou moins », comme il est dit dans la sourate al-Najm – ou « aussi proche de lui qu'une flèche l'est de son arc », comme dit maintenant notre texte d'hérésiographie[9] concernant le Muqanna' lui-même quand celui-ci se révèle comme une incarnation de Dieu. Le scandale de sa doctrine était justement cette idée d'incarnation. Pour la faire accepter, le Muqanna' se référait à une exégèse de la sourate al-Najm qui était évidemment acceptée par l'auditoire auquel il s'adressait. S'il l'avait inventée, il se serait privé de tout effet persuasif. Cela m'amène directement à ma deuxième hypothèse.

---

8. *El tintorero enmascarado Hâkim de Merv*, dans *Obras completas*, Buenos Aires, 1974, p. 324 s.

9. W. MADELUNG et P. E. WALKER, *An Ismaili Heresiography. The « Bâb al-shaytân » from Abû Tammâm's Kitâb al-shajara*, Leyde, 1998, p. 77 s. (texte arabe) / 75 (trad.). Sur ce texte, cf. aussi P. WALKER, *An Isma'ili version of the heresiography of the seventy-two erring sects*, dans F. DAFTARY (éd.), *Medieval Isma'ili History and Thought*, Cambridge, 1996, p. 161 s.

Muhammad vit Dieu assis sur son trône. Cette assertion est plus délicate, car elle ne va pas seulement à l'encontre de l'opinion commune des musulmans, mais aussi de celle de l'islamologie occidentale. Il est vrai que, pour des raisons philologiques, les orientalistes supposent en général une vision de Dieu dans la sourate al-Najm, mais ils croient que Muhammad avait vu Dieu debout à l'horizon. Mais le Muqanna' était d'un autre avis. Le passage hérésiographique que j'ai cité nous apprend qu'il croyait qu'après chaque manifestation ou « incarnation » Dieu retournait sur son trône. Sa conception de la vision de Muhammad impliquait donc que Dieu avait quitté le trône pour s'approcher du Prophète et entrer dans son corps.

Encore une fois, il est aisé de citer d'autres textes à l'appui. Mais il n'en est nul besoin, car nous pouvons nous référer à un témoignage qui mentionne cette idée en relation directe avec le *mi'râj*. Il s'agit d'un hadîth, un texte non canonique et à l'évidence apocryphe, qui, dans sa longue version (vingt pages à peu près), est mentionné seulement chez Suyûtî, dans ses *La'âlî al-masnû'a fî l-ahâdîth al-mawdû'a*[10]. Mais Tabarî en cite déjà une partie[11], parce que la chaîne de transmission commence de nouveau par Ibn 'Abbâs ; celui-ci est suivi par Dahhâk b. Muzâhim, un sermonnaire *(qâss)* et exégète qui continuait la tradition d'Ibn 'Abbâs en Transoxiane. Il vécut à Balkh, et c'est là qu'il semble avoir transmis le texte, dans l'ancienne Bactriane où les religions et les civilisations s'entremêlaient et où une petite communauté arabe et musulmane gardait les voies commerciales vers l'Asie centrale. Voici les phrases essentielles :

> Je regardai vers Lui (Dieu) avec mon cœur jusqu'à ce que je sus qu'Il se trouvait effectivement là et que j'étais en train de Le voir

10. 1-2, Le Caire, s. d., vol. I, p. 63-81 ; cf. TG II, p. 509.
11. XXVII, 48, p. 18 s. et précédentes.

> réellement *(hattâ athbattuhû wa-athbattu ru'yatahû)*. Et Le voilà, écartant Son voile et assis *(mustawî)* sur Son Trône, dans toute Sa dignité et Sa grandeur… Dans Sa majesté, Il se pencha légèrement vers moi et me fit approcher (de Lui). C'est cela Sa parole, dans son Livre, lorsqu'Il vous dit comment Il m'a traité et glorifié : « … quelqu'un doté de puissance et de sagacité. Il se tenait debout à l'horizon suprême. Puis Il s'approcha jusqu'à rester suspendu, à deux arcs ou moins… Et Il révéla à Son serviteur ce qu'Il révéla », c'est-à-dire la tâche qu'il avait décidé de m'imposer.

La tâche à laquelle le texte fait allusion est évidemment la mission prophétique. Il y avait des gens (Anas b. Mâlik, ou ceux qui se référaient à lui) qui la précisaient encore plus : Dieu révèle à Muhammad à ce moment les cinquante prières qu'Il veut imposer à sa communauté. Mais Dahhâk b. Muzâhim met l'accent différemment sur la vision de Dieu. Il le fait avec prudence : Muhammad doit fermer les yeux, et Gabriel lui-même (qui connaît, naturellement, très bien l'effet de cette vision) se couvre le visage avec les mains. Pendant un instant, pourtant, le Prophète a été heurté par la pleine puissance de la lumière, et c'est cela qu'il voit maintenant dans son cœur : Dieu assis sur son trône, s'approchant de lui pour le toucher et pour transférer sa révélation de façon véritablement corporelle. « Il mit une de ses mains entre mes omoplates, et pour un certain temps je sentis la fraîcheur de ses doigts jusqu'à mon cœur… » Ce qui m'amène maintenant à ma troisième hypothèse :

La vision du trône constitue le point de départ et le point de repère dans le thème de l'ascension. Si le Coran semblait confirmer une vision de Dieu assis sur son trône, on pouvait assez aisément imaginer que Muhammad était monté au ciel pour voir Dieu à l'emplacement du trône. Cependant, la nouvelle conception comportait des traits inédits et accentués et, brusquement, s'offrait la possibilité d'unir les deux visions sous un seul aspect : pendant son voyage, Muhammad avait peut-être vu Dieu d'abord « à l'horizon suprême », et ensuite « près du Jardin du refuge ». D'autre part, le sens du mouvement avait changé : c'était non pas Dieu mais le Prophète qui s'était déplacé, et celui-ci montait, il ne descendait pas comme le faisait Dieu ou l'ange dans le Coran. Dieu ne bouge jamais ; Il est immuable, selon une conception mise en place dès l'Antiquité et adoptée bientôt par les théologiens transcendantalistes. Il reste immuable dans sa majesté et reçoit le Prophète comme un visiteur accueilli en audience ; à cette différence près que même les transcendantalistes en vinrent à surmonter leur répugnance à l'égard du thème de l'ascension. En même temps, on pouvait maintenant, avec une plus grande facilité, récupérer le passage coranique sur l'*isrâ'*. Car là aussi, c'était le Prophète qui se déplaçait, quoique horizontalement, vers Jérusalem.

En principe, cependant, on doit distinguer entre le voyage nocturne et le *mi'râj*. Malgré l'indissoluble mélange qui se produisit, il s'agit au fond d'un autre thème. Chez Ibn Ishâq, dans sa biographie du Prophète, les deux récits sont encore séparés l'un de l'autre ; quant à Ibn Sa'd, il leur assigne même des dates différentes. Deux choses ont pourtant, de prime abord, contribué à l'amalgame. Premièrement, le fait qu'on localisait le trône de Dieu non seulement au ciel mais aussi à Jérusalem, à savoir son trône terrestre à partir duquel Il avait créé le monde et où Il rendra la justice à la fin du temps. Deuxièmement, l'idée que le voyage nocturne aurait pu être un déplacement psychique vers *al-bayt al-ma'mûr* de la sourate LII, 4, le « Temple visité », dans lequel on avait tendance à voir le prototype céleste de la Ka'ba de la Mecque, et comme tel une « place de vénération bien éloignée » *(masjid al-aqsâ)*, une Jérusalem céleste pour ainsi dire. Cela nous amène à une dimension tout à fait nouvelle, dont nous ne pouvons nous occuper ici. Il faut néanmoins noter que, dans ces circonstances, les récits du voyage nocturne pouvaient également se terminer par une vision de Dieu et que cette vision fut alors décrite de la même manière qu'à l'égard du *mi'râj* : le Prophète rencontre Dieu, à Jérusalem, dans un jardin du *haram al-charîf*, dans un *hortus conclusus* comme on disait, à savoir à l'intérieur de l'enceinte qui entourait le Temple antique. C'est là que Muhammad aurait vu Dieu assis sur son trône, sous la figure d'un jeune homme portant une couronne de lumière, et celui-là l'aurait touché de sa main, entre les omoplates, en signe d'amitié, et lui aurait parlé.

V

Après ces remarques sur l'histoire du thème, il ne me reste qu'à tenter d'établir une chronologie. Tout d'abord, il faut souligner que nous avons traité de l'exégèse et non pas de la réalité. La question de savoir si le Prophète a vu Dieu ou seulement un ange relève de la foi ; elle ne peut pas être résolue à partir des textes. Le Coran est clair sur ce sujet dans la sourate al-Takwîr, mais point dans la sourate al-Najm. Les versets de la sourate al-Najm sont sûrement antérieurs à ceux de la sourate al-Takwîr, mais ils ne semblent pas être l'expression d'une expérience immédiate et simultanée, car dans ce cas la sourate ne parlerait pas de deux événements et de deux visions à la fois. D'autre part, le texte est homogène en apparence ; la rime est identique à travers toute la sourate, à l'exception des six versets de la fin (57-62). C'est pourquoi nous ne pouvons pas justifier la combinaison des deux visions comme résultat d'une rédaction postérieure, sous 'Uthmân ou antérieurement. Dans ces circonstances, l'hypothèse qui s'impose est que le début de la sourate al-Najm ne décrit pas un événement unique qui se serait passé directement avant, mais se réfère plutôt à deux événements séparés qui, par leur singularité, auraient servi à conforter la vérité de quelque chose d'autre. Quel était donc le *Sitz im Leben* de la sourate al-Najm ?

L'étude reste à faire. Il n'est pas possible de l'entreprendre ici. Néanmoins, le lecteur nous autorisera à faire une brève digression chez Tabarî encore une fois. Car, dans son *Tafsîr* aussi bien que son *Ta'rîkh*, l'exégète énonce des idées assez claires sur la question. Ce qui se reflète, selon lui, dans toute la première partie de la sourate al-Najm, c'est l'affaire des « versets sataniques[12] ». Les trois déesses païennes sont mentionnées dans les versets 19-20, immédiatement après le récit de la deuxième vision ; le moyen par lequel elles auraient exercé leur influence, à savoir l'intercession auprès d'Allâh, la *chafâ'a*, est le thème du verset 26. Le début de la sourate al-Najm n'est-il donc rien d'autre qu'une allocution, voire un sermon, donnée par le Prophète au moment où, comme nous suggèrent les récits rapportés par Tabarî, des Compagnons qui avaient émigré en Éthiopie rentrent à La Mecque, mal informés de tout ce qui s'était passé entre-temps et désireux de connaître la position du Prophète envers les rumeurs qui circulaient ? Le Prophète aurait alors déployé toute son autorité et son éloquence pour se défendre contre les reproches ; pour ce faire, il aurait évoqué ses rencontres avec le « numineux » (comme on dirait aujourd'hui). « Votre compagnon ne s'égare ni n'est fol ni ne tient langage de passion. Ceci n'est que révélation à lui révélée dont l'instruit un pouvoir intense et profond », comme traduit Berque. Ce qui était important était la rencontre – ou les rencontres – en tant que telle ; la question de savoir qui il avait rencontré était, sous cet aspect, secondaire. Mais la prétention d'avoir rencontré Dieu avait naturellement plus de poids que celle d'avoir rencontré

12. *Ta'rîkh*, I, 1192, 3 s. ; *Jâmi 'al-bayân*, XVII, 186 s., donc en rapport avec la sourate XXII, 52 et non pas avec les passages de la sourate al-Najm.

Gabriel. Pour le moment, je ne peux pas aller au-delà de cette hypothèse ; je parle de l'exégèse et non pas de la réalité.

En ce qui concerne l'exégèse nous sommes confrontés à une situation totalement différente. Le Coran était devenu une Écriture, à savoir la recension canonisée de tous les textes prononcés par Muhammad en tant que révélation. On n'avait certainement pas oublié que la sourate al-Najm pouvait avoir quelque chose à faire avec les « versets sataniques ». Mais ce n'était plus aussi important, car ces versets ne furent jamais incorporés dans la rédaction finale du Coran. Les deux visions de la sourate al-Najm se présentaient sous un jour nouveau : au lieu d'être une allusion du Prophète à une chose déjà connue, afin de prouver sa véracité devant un auditoire qui, pour un moment, avait peut-être perdu sa confiance en lui, elles furent désormais comprises comme témoignage immédiat de sa rencontre avec la puissance divine. En même temps, la deuxième référence coranique à l'événement, à savoir la phrase de la sourate al-Takwîr, commença à exercer son influence, car au moment où le Coran devint Écriture, texte complet et inchangeable, on pouvait faire des comparaisons, créer un réseau de références et de rapports. C'est là où la réflexion théologique entra en jeu.

Dans ces circonstances, on ne peut qu'être frappé par le haut degré d'acceptation qu'a trouvé l'interprétation anthropomorphiste de la sourate al-Najm au début de l'islam. Bien entendu, nous ne pouvons pas être sûrs que la discussion sur ce sujet remonte vraiment à la génération des Compagnons. Beaucoup de ce qui a été raconté sur la « Urgemeinde », la communauté primitive, relève de la projection ultérieure plutôt que de la réalité. Les recherches récentes [13] ont vu dans Ibn 'Abbâs une sorte de figure mythologique. Il est vrai que, concernant les récits dus à 'Â'icha, on a supposé qu'elle s'était aperçue des doutes qui

13. Cf. Cl. GILLIOT dans *Arabica*, 32, 1985, p. 62 s.

assaillaient son époux au sujet de l'interprétation des apparitions ; mais ses commentaires sont mêlés à des remarques polémiques à l'encontre de certains courants chiites et qui sont, de ce fait, visiblement postérieures. Pour ce qui concerne la controverse en tant que telle, il est certain qu'elle ne commença pas avant la fin du Ier siècle de l'hégire. Pendant le califat de Hichâm b. ʿAbd al-Malik, à une époque située entre 105 et 120, Jaʿd b. Dirham fut exécuté en Irak pour avoir nié, à ce qu'on disait, qu'Abraham était l'ami de Dieu et que Moïse avait entendu la voix de Dieu sur le Sinaï. Il avait apparemment rejeté le climax attribué à Ibn ʿAbbâs et, par conséquent, la vision de Dieu accordée à Muhammad[14].

C'est également en Irak que les récits du *miʿrâj* semblent s'être d'abord répandus. Là, l'idée du voyage céleste était profondément enracinée dans le gnosticisme hellénistique et dans un judaïsme apocalyptique et mystique. À La Mecque et à Médine, les savants se montraient prudents ; Ibn Ishâq, qui ne pouvait guère s'imaginer que le Prophète eût vu Dieu en personne, n'acceptait le récit sur l'ascension que dans une variante atténuée. En Syrie, les gens préféraient parler de voyage nocturne ; Jérusalem était au centre de leur intérêt. Ils n'étaient pas contre l'idée que Muhammad vît Dieu et fût même touché par Lui ; mais ils ne voyaient pas la nécessité d'une ascension. Pourtant ce thème s'imposa presque partout, en raison probablement du fait que l'Irak devenait, sous les Abbassides, le centre politique et intellectuel du monde musulman. D'Irak, le motif se répandit en Iran. Dès l'époque omeyyade, les troupes irakiennes s'y étaient établies. Comme nous l'avons vu, le texte le plus étendu vient de Balkh ; si l'on peut légitimement l'attribuer à Dahhâk b. Muzâhim[15], il

---

14. TG II, p. 452 s.

15. Mais cf. maintenant la remarque de C. GILLIOT dans *Israel Oriental Studies*, 19, 1999, p. 67 s.

appartient cependant encore au Iᵉʳ siècle de l'Hégire. Pourtant le premier témoignage sur le thème en tant que tel, datable de façon fiable, nous provient encore de l'Irak. Or, il s'agit d'un récit qui est sans aucun rapport avec Muhammad ; son héros est un hérétique qui prétendait être lui-même prophète : Abû Mansûr al-'Ijlî.

La figure d'Abû Mansûr est complexe et difficile à interpréter[16]. Il suffit de dire ici qu'il appartenait aux *ghulât*, au *lunatic fringe* du chiisme ancien. Il fut exécuté sur l'ordre de Yûsuf b. 'Umar al-Thaqafî, gouverneur d'Irak entre 120 et 126 de l'hégire, après s'être révolté contre le régime omeyyade. Pour acquérir une légitimité comme prophète, il avait prétendu avoir été hissé au ciel *('urija bihî ilâ 'l-samâ')*. Dieu l'aurait invité à s'approcher de Lui et lui aurait adressé la parole en persan en disant *yâ pasar*, « mon fils ». Il l'aurait renvoyé ensuite sur terre avec la mission de prêcher Sa parole. Abû Mansûr semble donc s'être considéré comme le Fils de Dieu ; ses partisans l'appelaient le Logos *(al-kalima)* et prêtaient sermon avec ce mot. Dieu lui avait passé la main sur la tête, et de ce fait il se disait le Messie *(al-masîh)*. Car en arabe, le mot *masîh* pouvait être compris autrement qu'en araméen duquel il était emprunté. Le verbe *masaha* ne signifiait pas originellement « oindre », comme *machah* en hébreu ou *mechah* en syriaque ; le *masîh* n'est donc pas le « Christ » mais « celui sur la tête de qui on a passé la main ». Les partisans d'Abû Mansûr entendaient le mot avec des oreilles arabes. C'était une manière très imagée de reprendre le thème ancien. Il semble qu'Abû Mansûr voulait entrer en compétition avec Muhammad, mais le modèle qu'il suivit était celui de Jésus.

Ce qui nous importe est qu'il échoua, sa révolte n'aboutissant qu'à l'occupation d'une mosquée. Désormais, celui qui s'arroge-

16. Cf. TG I, p. 317, et IV, p. 393 s. ; index IV, p. 1027 s.n.

rait l'idée de l'ascension ne le ferait plus impunément. Seul un prophète pouvait rendre visite à Dieu. Entre-temps la majorité des musulmans avait convenu de ce que Muhammad avait été le dernier prophète, le *khâtam al-nabiyyîn*. Sous maints aspects, les chiites différaient de l'avis majoritaire ; ils conservèrent pour un temps les idées antérieures. Cela vaut également pour l'anthropomorphisme ; ils s'y ralliaient même après l'époque où ils avaient vu émerger dans leur propre communauté des prophètes. Mais à la longue, eux aussi changèrent d'avis et se convertirent au transcendantalisme des sunnites. Ce changement est dû à un mouvement théologique appelé Mu'tazila dont le système de départ détermine la pensée musulmane jusqu'à nos jours. Quand, à l'époque mamelouke, quelqu'un prétendit au Caire être monté au ciel et avoir vu et entendu Dieu, il fut tout simplement placé, après consultation d'un juriste, dans une maison d'aliénés. À l'opposé, le *mi'râj* du Prophète, l'exaltation du fondateur avaient une longue et glorieuse histoire, dans l'art comme dans la littérature, y compris dans un texte latin comme le *Liber Scalae Machometi*. En général, on n'admettait plus que le Prophète eût vu Dieu ; il n'avait fait qu'entendre sa voix de derrière un rideau. D'autre part, on ne percevait plus l'événement comme un simple rêve ; c'était un fait réel, un miracle.

Cependant, la vision de Dieu ne perdit pas entièrement de son importance. Car les sunnites menaient de longues controverses sur la question de savoir si, après le Jugement dernier, la *ru'ya bi'l-absâr* (la vision béatifique des chrétiens) ne ferait pas partie des jouissances du paradis, et finalement ils décidèrent que ce serait le cas. Tous les musulmans verront Dieu au paradis, comme dans un théâtre où le rideau se lève en tant que manifestation de la grâce divine. Mais alors le monde aura atteint sa fin, et la vision sera l'apogée de la béatitude éternelle. Le Prophète, au contraire, avait encore une tâche à accomplir ; pour cela il revint sur terre. Sa glorification marquait le début et non la fin.

Il devint le symbole de l'identité musulmane, et à cet égard on éprouvait plus que jamais sa singularité. Mais cette singularité est définie, de nos jours, tout d'abord par des catégories d'ici-bas : son rôle de législateur et de guide spirituel. Sa rencontre surnaturelle avec Dieu restait, en fin de compte, un événement isolé ; sous cet aspect, la pensée islamique, comparée à la théologie chrétienne, a toujours respecté, à son avantage peut-être, les limites de la condition humaine.

3.

La théologie et la science. L'atomisme mu'tazilite[1]

I

L'atomisme sent bon la modernité. Mais, comme on sait, il arrive que le parfum cache la réalité. Les théologiens musulmans dont je veux parler étaient des atomistes, mais leur atomisme est différent du nôtre. Ils le traitèrent de manière purement spéculative, comme les Grecs. Si imaginatifs qu'ils aient été, ils n'éprouvèrent jamais le besoin de vérifier l'existence de l'atome, ils le présupposèrent simplement, comme une nécessité théorique. Pour eux, comme pour les Grecs, l'atome était ce que le mot signifie : une entité indivisible, *juz' lâ yatajazza'* ; ils n'eurent pas l'idée de le briser. Ils n'étaient pas des devanciers, ils étaient des héritiers. Mais tout en étant des héritiers, ils manifestaient une originalité ; leur approche était singulière. Sous cet aspect, ils furent modernes, dans leur propre société et au moment historique où ils vécurent.

Car l'héritage qu'ils adoptèrent était complexe ; ils pouvaient y puiser plusieurs perspectives et modèles. Certes, le passé grec était lointain, mais on ne l'avait pas oublié entièrement. Les cerveaux étaient encore remplis d'anciennes notions et d'anciens

1. Comme référence générale, cf. TG IV, p. 459-477.

problèmes. Malgré l'apparition de l'islam (et, avant lui, du christianisme), le programme de recherche – je veux dire : le programme de recherche mental, le code de l'ordinateur humain, les catégories de la pensée, et non pas le système d'éducation – n'avait pas beaucoup changé. Cela vaut pour l'Orient comme pour Constantinople ou Rome. Mais en Orient, à l'endroit et à l'époque dont nous parlons, dans l'Irak des Abbassides, les traces de l'Antiquité se croisèrent avec d'autres influences : celles de l'Iran sassanide, voire de l'Inde (en médecine, par exemple, mais aussi, comme il est notoire, en arithmétique). Un choix donc qui laissait beaucoup de liberté et qui ne tarda pas à jeter le trouble. D'où notre première question : pourquoi les théologiens musulmans, les *mutakallimûn* comme on les appelait, se sont-ils décidés justement pour l'atomisme ?

Il est vrai que l'atomisme avait été tout autre chose qu'une hypothèse passagère. Le modèle n'avait pas été utilisé seulement par quelques philosophes présocratiques, il fut renouvelé et réinterprété par Épicure. La résistance qu'on lui opposa fut énorme : Aristote dans sa *Physique*, les stoïciens, les néo-platoniciens. David Furley a parlé, à ce sujet, de la « crise cosmologique de l'Antiquité classique[2] » ; ce qu'il entendait par là était justement la profonde divergence d'opinion sur l'origine du monde et des choses. Cette divergence avait été aggravée par de nouvelles positions axiomatiques. Car les philosophes avaient été remplacés par les théologiens ; désormais, ce n'était pas seulement le monde qui entrait en jeu, mais Dieu aussi. En effet, on pouvait se demander s'il y avait vraiment une place pour Dieu dans l'atomisme, dans un système qui, depuis la fameuse controverse entre Descartes et Gassendi au moins, se présente pour nous comme le summum du matérialisme. Il est vrai que, chez les stoïciens, le chapitre *Peri*

2. Dans *Proceedings of the Boston Area Colloquium in Ancient Philosophy*, II (éd. J.-J. Cleary), Lanham, 1986, p. 1 s.

theôn, « Des dieux », est traité dans la partie sur la physique ; la théologie et la cosmologie n'avaient jamais été séparées systématiquement. Même la *Métaphysique* d'Aristote, les *ilâhiyyât* des philosophes arabes n'allaient pas, au début, tellement « au-delà » *(metá)* de la physique que nous le pensons ; elle n'était pas encore conçue comme quelque chose de transcendant. C'est une matière qui fut traitée « après » le livre de la *Physique* dans l'enseignement du Lycée, du Peripatos. Mais n'aurait-il pas été plus facile pour un théologien de se laisser inspirer par le moteur immobile d'Aristote ou par l'Un *(hen)* des néo-platoniciens ? Les Pères de l'Église se sont décidés à suivre cette direction ; ils détestaient l'atomisme parce qu'ils y voyaient une tentative d'expliquer le monde de manière tout à fait mécanique, sans principe métaphysique, simplement par l'action du hasard, sans création et sans Dieu, et ils se méfiaient des épicuriens qu'ils considéraient comme des gens vulgaires qui manifestaient leur matérialisme par leur style de vie.

Il se peut que les plus anciens théologiens musulmans aient été du même avis. On a avancé l'hypothèse que des penseurs de l'époque omeyyade, tels Jahm b. Safwân en Iran ou Ja'd b. Dirham en Mésopotamie, avaient suivi un modèle néo-platonicien qui aboutit à une théologie fortement apophatique, une théologie de *tanzîh* qui ne se souciait pas beaucoup du monde, une « théologie » au vrai sens du mot, un *logos* sur Dieu *(theologia)* sans détour par la physique ou la cosmologie [3]. Malheureusement, les quelques bribes d'information qui nous sont parvenues sur eux ne suffisent pas pour que nous nous formions une idée claire et non équivoque ; mais si ladite hypothèse était juste, on pourrait imaginer que Harran en Mésopotamie, capitale du dernier calife omeyyade, mais aussi siège d'une école néo-

3. TG II, p. 499 s. et p. 454 s.

platonicienne et bastion d'une religion astrale païenne, a joué un rôle dans le processus de transmission de ces idées [4]. Ja'd b. Dirham y a vécu [5], et Jahm b. Safwân pourrait y avoir étudié [6]. Quoi qu'il en soit, l'atomisme n'était pas présent dès le début dans la culture musulmane ; il fut plutôt découvert et développé, à l'apogée des Abbassides, par une génération de personnes qui, tels Mu'ammar et Abû l-Hudhayl surtout, enseignèrent à l'époque de Hârûn al-Rachîd et de Ma'mûn. Peu après qu'ils eurent construit leur nouvelle approche, la résistance anti-atomiste se raffermit de nouveau, avec le néo-platonisme préconisé par al-Kindî et son équipe de traducteurs chrétiens qui mirent des textes de Plotin et de Proclus en circulation, évidemment sous l'étiquette d'une « théologie à la manière d'Aristote », c'est-à-dire la métaphysique [7]. Les théologiens chrétiens contemporains qui écrivaient en arabe : 'Ammâr al-Basrî, Abû Râ'ita, Théodore Abû Qurra, pensaient également à partir d'une vision néo-platonicienne. Les traducteurs pouvaient donc se sentir en accord avec leur propre tradition religieuse. En revanche, la voie qu'allaient suivre les *mutakallimûn* était balisée de façon beaucoup plus diffuse. Mu'ammar ou Abû l-Hudhayl ne pouvaient pas s'appuyer sur des traductions. Jamais un texte de Démocrite ou d'Épicure ne fut lisible en langue arabe. Et bien que les origines de la Maison de la sagesse, *Bayt al-Hikma* (la fameuse bibliothèque des Abbassides), remontent à l'époque de Hârûn al-Rachîd, ses productions ne semblent jamais avoir impressionné les protagonistes de l'atomisme. Abû l-Hudhayl et Mu'ammar

4. *Ibid.*, p. 442-449.
5. *Ibid.*, p. 450-452.
6. TG II, p. 495 et 500.
7. Je pense à la fameuse « Théologie d'Aristote », mais aussi à d'autres textes comme le futur *Liber de Causis* ; cf. F. ZIMMERMANN dans Jille KRAYE *et al.* (éd.), *Pseudo-Aristotle in the Middle Ages*, Londres, 1986, p. 110 s.

furent formés à Basra et non pas à Bagdad, et ils semblent n'avoir emménagé dans la capitale qu'à l'époque de Ma'mûn.

II

Cependant, l'atomisme n'est pas sorti du néant, et il est possible de suivre sa formation. Avant Abû l-Hudhayl et Mu'ammar, il y eut Dirâr b. 'Amr, penseur de Koufa qui visita Bagdad au temps des Barmakides. Il était le premier mu'tazilite à développer un ensemble de notions physiques cohérentes, et son approche se caractérise par l'hypothèse selon laquelle la réalité consiste en parties qui s'agrègent pour former un corps. C'est le principe atomistique, mais sans le vocabulaire qui normalement y est associé, car le mot qu'utilise Dirâr pour désigner les « parties » *(ba'd)* est différent du mot adopté pour « atome » *(juz')*. Et, au fond, le sens qu'il exprime l'est aussi, car en parlant de « parties », il ne pense pas à des particules ou à des fractions minimes de la matière, mais à des phénomènes grâce auxquels on aperçoit un corps quelconque. Il appelle ces parties « accidents » *(a'râd)*, et il les décrit comme tels : couleur et température, poids et état de la surface, animation ou inertie, etc. C'est sous ces parties-accidents que se présente le corps, et ce n'est que sous la forme de ces « accidents » que nous pouvons l'apercevoir. Les qualités n'existent qu'ensemble ; il n'y a donc pas de couleur ou de température comme telles. Mais il n'y a pas de substance non plus ; le corps n'est qu'un conglomérat de phénomènes qui forment les parties de l'image ou de l'évidence que nous nous formons de lui. Le but de cette théorie n'est pas tant l'explication de la réalité que la description de l'idée que nous en avons ; la réalité est ce que nous apercevons d'elle, une somme de détails qui sont tous accidentels mais qui, par le fait de l'agrégation, se présentent à nous sous forme d'objets cohérents. Richard Sorabji a parlé à ce sujet de *bundle theory*, « théorie du faisceau », et il en a trouvé de nombreux exemples dans l'Antiquité tardive[8].

Abû l-Hudhayl semble s'être inspiré de ce modèle. Il en a reconnu l'avantage théologique : les « faisceaux » ont besoin de quelqu'un qui les rassemble, et l'homme ne peut jouer ce rôle que sous l'angle épistémologique, comme sujet de connaissance. Si pourtant on se tourne vers la réalité, c'est-à-dire si l'on se pose la question de savoir par qui ces objets sont créés et non pas seulement par qui ils sont perçus, la réponse ne peut être que Dieu. C'est Dieu qui met les parties ensemble, et comme il s'agit maintenant de parties réelles, pour ne pas dire matérielles, il vaut mieux utiliser le terme « atome ». L'aspect phénoménologique est devenu secondaire ; les « parties » dont avait parlé Dirâr ne sont, pour Abû l-Hudhayl, que des accidents qui, en général, n'apparaissent qu'après coup. L'atome, au contraire, est en même temps une substance. Dieu veut que les atomes-substances forment des corps ; c'est ce qu'on appelle la création. Pour aboutir au résultat qu'il a en vue, à savoir pour joindre ou monter une quantité d'atomes, Dieu ajoute l'accident de « jonction », d'assemblage *(ta'lîf)* ; avec ce geste, il crée dimension et corporalité. Naturellement, il peut aussi soustraire cet accident de cohésion après quelque temps ; c'est ce qu'on appelle désintégration, décomposition, mort, etc. Et il peut même ajouter l'accident de jonction une deuxième fois ; c'est ce qui se passera au moment de la résurrection quand Dieu ressuscitera les hommes et créera une terre nouvelle. Il rassemble pour ainsi dire les ossements. Mais le caractère métaphorique de cette image est devenu maintenant évident ; la vision d'Ézéchiel où cette conception apparaît pour la première fois dans l'Ancien Testament est remplacée par une construction scientifique[9].

8. TG III, p. 37-44.
9. TG III, p. 224 s. ; cf. *ibid.* p. 67-70.

L'atomisme comme *ancilla theologiae*, assujetti à la volonté de Dieu, c'est ce à quoi Abû l-Hudhayl voulait aboutir. Il changea un modèle matérialiste en instrument du monothéisme, de manière tout à fait spéculative d'abord, mais parfaitement conforme à la révélation coranique. Il avait satisfait aux postulats de l'unicité, du *tawhîd* : tout ce qui est fait dépend finalement de Dieu, sauf le libre arbitre humain. Il n'existe pas de nature qui dirigerait les choses, et les particules de l'être que sont les atomes n'agissent ni par elles-mêmes ni par hasard. Au fond, ils ne sont que des symboles de la puissance divine. Car Dieu ne les utilise même pas comme des pierres à bâtir. Il appelle plutôt les choses à l'être par sa parole de création, par le *kun*, « sois », dont parle le Coran, d'un seul coup, sans genèse physique [10]. Sous cet aspect, l'intention de Dirâr était identique. Mais son approche était trop sensualiste ; son épistémologie impliquait un concept de l'être qui rendait difficile de prouver l'existence de Dieu. En effet, ce n'est qu'Abû l-Hudhayl qui formule la première preuve de l'existence de Dieu en islam [11]. Avec un modèle originalement matérialiste, il vainquit le matérialisme. Il était à la hauteur des exigences de son temps.

Les deux éléments distinctifs de ce développement, le sensualisme épistémologique et l'hypothèse de l'atome, nous indiquent le lieu probable où les musulmans ont pu récupérer cette tradition : la cosmologie iranienne. Car c'est seulement en relation avec celle-ci que les sources arabes mentionnent ces deux éléments comme quelque chose de vivant et de contemporain. La théologie chrétienne n'en souffle mot, ni en arabe ni en syriaque, et la philosophie grecque n'était connue que comme réminiscence littéraire, encore était-ce de façon très imprécise à ce moment. La *Physique* d'Aristote n'avait pas encore été traduite,

10. TG III, p. 229 s. et 280-282.

11. TG III, p. 231 s. et IV, p. 446 s.

et les doctrines des présocratiques demeuraient inconnues [12]. Certes, les récits que nous avons sur la cosmologie iranienne ne sont pas nombreux non plus. Mais il ne fait aucun doute que les musulmans connurent très bien celle-ci, surtout à Basra où une grande partie de la population parlait le persan. Les doxographes l'ont résumée, et les théologiens l'ont vigoureusement attaquée. Les adversaires contre lesquels ils dirigeaient leur polémique n'étaient pas des spectres imaginés ; ils vivaient plutôt dans leur région, et on se rencontrait dans les salons de la bourgeoisie citadine [13]. On s'était habitué à blâmer les manichéens pour leur sensualisme, à savoir leur croyance dans le fait qu'existe seulement ce qui peut être aperçu par les sens. Le reproche était faux, et il servit fréquemment à prouver que les descendants spirituels des manichéens en islam, les *zanâdiqa*, c'est-à-dire ceux parmi les clercs et les intellectuels qui ne rejetaient pas directement les principes de la cosmologie iranienne [14], n'étaient pas seulement des hérétiques mais également des libertins. À l'égard du monde d'ici-bas, cependant, la remarque était probablement justifiée ; les manichéens de ce temps – et avec eux beaucoup de dualistes d'autres observances – présentaient leur religion sous une forme scientifique, sans faire appel à des convictions irrationnelles. Ils voulurent expliquer le monde, et sous cet aspect leur sensualisme ou empirisme fut partagé par toute une génération de théologiens musulmans. À côté de Dirâr, par exemple, il y eut aussi son contemporain basrien al-Asamm [15]. Le principe restait valable

12. Les présocratiques sont présentés, à cette époque, sous un affublement néo-platonicien, sous la forme d'un texte apocryphe qu'on attribuait à Ammonius ; cf. U. RUDOLPH, *Die Doxographie des Pseudo-Ammonios. Ein Beitrag zur neoplatonischen Überlieferung im Islam*, Stuttgart, 1989.

13. TG I, p. 418-443.

14. Voir plus haut, p. 28 s.

15. TG II, p. 398-400.

tant que le concept de Dieu fut strictement apophatique ; si Dieu est l'Autre par excellence, il est au-delà de notre raison comme il est au-delà de nos sens. Le monde peut être analysé à travers les phénomènes ; Dieu, au contraire, n'est accessible que par la révélation. Cette conception se trouve encore chez Dirâr ; elle ne se trouve plus chez Abû l-Hudhayl.

L'atomisme que soutenait Abû l-Hudhayl n'était plus d'ailleurs aussi clairement caractéristique de la tradition iranienne que le fut le sensualisme ; le modèle ne s'y trouve que sous la forme d'une option. Il n'en était même pas l'option première ; la notion clef était plutôt celle du mélange. Dans tous les systèmes dualistes connus à cette époque, les deux principes premiers, la lumière et les ténèbres, durent se mélanger afin que se formât le monde, et si l'on voulait dégager ce processus de son caractère mythologique, la catégorie philosophique traditionnelle qui s'offrait était la *krasis di' holou* des stoïciens et non pas l'atomisme de Démocrite ou d'Épicure. Toutefois, ce n'était pas vrai à cent pour cent ; il y avait des atomistes parmi les *zanâdiqa*, comme le disent nos sources doxographiques [16]. Le phénomène qu'ils cherchèrent à expliquer avec cette approche était principalement le mouvement.

III

Le mécanisme du mouvement avait toujours retenu l'attention. Pour Aristote, c'était une des six espèces de changement, à savoir le changement par rapport au lieu, réalisé par la locomotion. Il y a d'autres sortes de changement, le changement par rapport à la substance, par exemple, qui se manifeste dans les phénomènes de génération et de corruption, ou le changement

16. TG I, p. 442.

par rapport aux accidents : si un corps devient chaud après avoir été froid, etc. Pour les dualistes, ces deux dernières sortes de changement s'expliquaient par le mélange. Mais le mouvement était différent, fugitif et difficile à fixer. Par contraste avec le changement matériel, le corps mouvant reste toujours le même ; le résultat du mouvement ne se manifeste que dans son déplacement, après que la locomotion a cessé. Aristote avait interprété le mouvement comme un processus cohérent ; il pensait en termes continuistes, comme nous d'ailleurs. Mais ce n'était qu'une hypothèse, un axiome qui était, à cette époque, quelque peu incertain et difficile à prouver. Car que se passe-t-il pendant le mouvement ? Pour rendre le problème plus transparent, on pouvait toujours s'imaginer que l'intervalle qui sépare le début du mouvement de sa fin est raccourci jusqu'au point où un corps hypothétique qui se trouve dans un lieu quelconque à un certain moment se trouve immédiatement après, « au deuxième moment » *(fî 'l-hâl al-thânî)*, dans un lieu différent. Comme un simple laps de temps s'est passé, le deuxième lieu devrait être contigu au premier, et si, pour plus de clarté encore une fois, l'on s'imagine que le corps mouvant, à son tour, est également réduit à sa grandeur minimale, on arrive à un modèle où des unités atomiques se meuvent sur une surface qui consiste en cases occupées entièrement par ces unités. Naturellement, les corps réellement existants consistent en une quantité de ces atomes ; leur mouvement nous rappelle plutôt la reptation d'un mille-pieds. Mais on peut toujours, à la place, penser à une fourmi ou une mite ; elle se trouve alors, à chaque instant de son mouvement, vis-à-vis d'une case contiguë dans un espace discret[17]. En effet, le mot arabe moderne pour « atome » est *dharra* ce qui ne signifiait originalement rien d'autre qu'un petit insecte indéfini, une mite si l'on veut.

17. « Discret » est ici au sens géométrique, comme opposé à « continu ».

Nous ne savons pas si les dualistes – plus précisément ceux d'entre eux qui travaillaient à partir de l'hypothèse atomique – conçurent le modèle de cette manière ; nous manquons de documents. Mais nous sommes assurés qu'Abû l-Hudhayl pensait dans ces termes [18]. Certes, les sources restent maigres même à son sujet ; nous ne possédons aucun texte original, seulement les récits des doxographes. Mais sa vision des choses fit grand bruit. La théorie qu'il mit en avant fut reprise et discutée pendant des siècles, et pendant la période où elle s'était figée en système scolastique, au IVᵉ et Vᵉ siècle de l'hégire, plus d'un siècle après sa mort, les textes abondent, relativement parlant tout au moins. Pour le moment, le problème vient plutôt du fait que ces textes ne devinrent accessibles que récemment ; il y en a encore qui ne sont pas édités, et les éditions qui existent sont loin d'être fiables. Bien entendu, nous devons toujours prendre garde de reconstruire, sur cette base, une période tardive ; personne ne s'est encore occupé de la question de savoir ce qui s'est passé pendant la phase qui sépare Abû l-Hudhayl de ses épigones.

Pour Abû l-Hudhayl lui même, il va sans dire que chaque « substance », que ce soit un corps ou un simple atome, se trouve quelque part, occupe un lieu concret ; c'est ce qu'il appelle le *kawn*, la « localisation [19] ». À côté du *kawn*, il y a le *makân*, la place qui peut être remplie par un objet, et le *mahall*, le substrat d'un accident. Pendant le mouvement, l'objet change de *kawn*, mais avant d'arriver à sa nouvelle localisation, il peut se trouver face à plusieurs *amkina* (pluriel de *makân*), ou points d'espace différents, auxquels il ne s'arrête pas et qui restent vides de sa présence. L'axiomatique ne prévoit pas de mouvement éternel qui ne s'arrêterait jamais, décision préliminaire qui est facile à comprendre par rapport à un théologien. Selon Abû l-Hudhayl,

18. TG III, p. 233 s. et 314-316.
19. *Ibid.*, p. 234 s.

même les bienheureux cesseront de bouger au paradis à un certain moment, et le mouvement des astres et des sphères se terminera à la fin du monde[20]. De plus, les points – ou plutôt les cases – qui sont touchés par un objet pendant son déplacement sont tous de valeur égale ; rien ne possède un lieu qui lui soit propre et vers lequel il tend, un *idios topos*, comme aurait dit Aristote. Cependant, la case occupée par un certain atome lui reste réservée grâce au *kawn* ; en aucun cas, deux atomes se partageraient le même lieu. C'est ce qu'on appelera le *tahayyuz*, la qualité de remplir une place.

Pour les générations postérieures, ce *tahayyuz* était un accident, le seul accident, d'ailleurs, qui soit indispensable pour l'atome[21]. Au contraire, Abû l-Hudhayl, qui ne connaissait pas encore ce terme, ne conçut le *kawn*, dans lequel le *tahayyuz* était pour ainsi dire préformé, que comme quelque chose d'indéfinissable bien qu'individuel et perceptible, un *ma'nâ*, comme on disait en ce temps. Ce qui l'intéressait le plus n'était pas l'atome pur et seul, mais le *ta'lîf*, l'accident grâce auquel les atomes forment quelque chose de cohérent en se rejoignant, c'est-à-dire quand ils remplissent deux ou plusieurs cases contiguës au même instant. Dès lors, le problème du mouvement se posait sous une forme différente. Par rapport à un corps complexe, le mouvement était un accident dont le substrat était divisible, et l'on pouvait se demander si cet accident était alors inhérent à tous les atomes du substrat ou s'il en occupait seulement quelques-uns, une question qui serait bientôt d'une grande importance. Pour le moment cependant, on ne savait pas encore si le système avait la chance de s'épanouir, car Abû l-Hudhayl se vit confronté à une

20. *Ibid.*, p. 255-263.

21. Pour cette phase postérieure, il faut maintenant consulter la thèse de A. DHANANI, *The Physical Theory of Kalâm. Atoms, Space, and Void in Basrian Mu'tazilî Cosmology*, Leyde, 1994.

critique qui en touchait les racines. Elle venait de son neveu al-Nazzâm, et elle était responsable du fait que, pendant un certain temps, la discussion ne tourna qu'autour du principe, c'est-à-dire de la possibilité de prouver l'hypothèse atomiste pure et simple.

IV

Nazzâm représente l'autre volet du diptyque cosmologique dont l'islam hérita de l'Antiquité. Son réseau d'axiomes est anti-atomiste et se base plutôt sur des concepts connus et admis jadis par les stoïciens. Mais de nouveau, la pensée qui en résulta fut passée au crible par la tradition iranienne. Plus encore, le faisceau de catégories qu'il avait reçu des dualistes était beaucoup plus vaste et évident que dans le cas d'Abû l-Hudhayl ; son idée maîtresse était le mélange, bien qu'il s'abstînt d'utiliser trop souvent ce terme. Pour lui, les corps ne sont pas des agrégats d'atomes où alternent des qualités opposées sous forme d'accidents. Ces qualités elles-mêmes sont plutôt des corps qui s'entremêlent. Une pomme, par exemple, est un corps qui consiste en d'autres corps, à savoir la couleur, l'odeur, le goût, etc., qui s'entremêlent, « se pénètrent » mutuellement, comme disait Nazzâm. Il existe des corps simples et des corps mixtes, et les corps simples (les couleurs, les goûts, etc.) sont les aspects sous lesquels les corps mixtes (la pomme) se présentent. D'une certaine manière, l'ancien sensualisme n'était pas encore oublié, et la théorie de Dirâr surgissait de nouveau, les « accidents » de jadis ayant été remplacés par des « corps ». Mais à côté des qualités réalisées et visibles, le corps mixte contient aussi des qualités potentielles que l'on n'aperçoit pas : quelque chaud que soit un objet, il y a toujours en lui en même temps une quantité de froideur, autrement il brûlerait. Les différentes qualités ne peuvent alterner sur un corps mixte que du fait que les opposés sont cachés dans son intérieur. Au moment où un de ses opposés vient à la surface, le corps change d'apparence. Cependant, comme entité cohérente, il ne continue d'exister que grâce à l'équilibre des qualités opposées ; si l'une d'elles supprimait l'autre complètement, le corps composite se désintégrerait (en étant consumé par le feu, etc.). Toutes les qualités existent donc simultanément et, d'une certaine manière, aussi au même endroit. Pareillement, toutes les qualités ont été créées en même temps ; c'est Dieu qui les met ensemble dans un corps mixte et qui maintient leur équilibre malgré leur opposition. Le seul accident dans tout ce mélange est le mouvement, mais le mouvement compris au sens le plus large du mot, comme principe de changement[22].

Le mouvement au sens restreint, c'est-à-dire le mouvement compris comme locomotion, se passe, pour Nazzâm, dans un espace continu qui est divisible à l'infini. Pour lui, l'objet mouvant ne procède donc pas d'une case à l'autre, et il n'est pas toujours en rapport avec un certain *makân*. Il « saute » plutôt de temps en temps pour traverser l'infini. La théorie est à la fois originale et compliquée, mais ce n'est pas ici le lieu d'en exposer les détails[23]. Cependant, il faut garder à l'esprit la différence entre les modèles. L'espace continu de Nazzâm est celui d'Euclide et d'Aristote ; en revanche, les atomistes proclament un espace discret. Il se peut qu'Abû l-Hudhayl n'ait pas encore vu aussi clairement l'incompatibilité des deux concepts ; peut-être ne s'est-il pas rendu compte complètement du fait qu'une matière atomique présuppose un espace atomique. Même un théologien comme Abû Hâchim, qui vécut plus d'un siècle après, n'accepta pas cette conséquence. Quoi qu'il en soit, Nazzâm a le mérite d'avoir mis le doigt sur les points névralgiques. Ceux-ci n'étaient pas totalement inconnus ; parfois, les deux partenaires repren-

22. TG III, p. 331-352.
23. *Ibid.*, p. 309-323.

nent les lieux communs d'un discours philosophique hérité. Tous les deux essaient, par exemple, de se servir des paradoxes zénoniens – ou de ce qu'il en était advenu par la suite. Mais tout cela ne peut guère éclipser le fait que c'est seulement à ce moment que la discussion éclate dans la théologie musulmane et que nombre d'éléments y sont nouveaux. Si l'atome remplit une case et en touche d'autres, il doit posséder des côtés différents. Dès lors, pourquoi, se demande Nazzâm, dire que ce n'est qu'en contact avec un autre, par jonction *(ta'lîf)*, que l'atome acquiert étendue, longueur et ensuite largeur et profondeur ? Une entité qui a des côtés aura aussi toujours des dimensions [24]. Et pourquoi ne serait-il pas possible d'imaginer un atome qui se tient à la jointure de deux autres atomes sous-jacents ? Cet atome superposé « réclamerait » alors les deux à la fois, mais tous deux seulement à moitié, ce qui équivaut à dire que les deux seraient divisibles [25]. Les arguments sont problématiques, voire faux ; ils montrent que Nazzâm eut des difficultés à s'abstraire de l'évidence sensuelle et à se plier aux axiomes d'une géométrie non continuiste. Aussi s'arrête-t-il parfois à mi-chemin, il construit par exemple un argument intéressant concernant la diagonale dans un carré, mais il ne dit pas que dans un carré la longueur de la diagonale est toujours un chiffre irrationnel (la racine de 18, de 32, de 50, etc.) qui ne peut jamais être représenté par des unités discrètes, atomiques [26]. Il n'était pas mathématicien, et sa capacité d'abstraction était généralement moins développée que celle de son oncle. Mais il força les atomistes à rendre leur théorie plus explicite.

24. *Ibid.*, p. 309.
25. TG VI, p. 19 s. (n. 33).
26. TG III, p. 316 s.

V

Abû l-Hudhayl avait déjà présupposé, à ce qu'il semble, que tous les atomes sont égaux et homogènes. Ils n'ont ni des crochets ni des anneaux, comme l'avait dit Démocrite, et ils ne peuvent apparaître sous des formes différentes, comme l'avait suggéré encore Épicure. Mu'ammar, collègue et contemporain d'Abû l-Hudhayl, avait imaginé que huit d'entre eux forment un cube, quatre en bas et quatre au-dessus ; ce qui n'est concevable qu'en supposant que chaque atome individuel se présente également sous la forme d'un cube, d'un hexaèdre[27]. Or, on fausserait la perspective si l'on disait que ce sont des cubes, car, d'après Mu'ammar, on n'arrive à un corps dimensionné que si l'on met huit atomes ensemble ; deux atomes ne forment qu'une seule dimension, la longueur, et même si l'on y ajoute deux autres, on n'obtient que la longueur et la largeur, sans la profondeur nécessaire à toute entité corporelle. De la même manière, il serait imprudent de poser que deux atomes forment une ligne, deux lignes une surface et deux surfaces un corps ; il ne s'agit que de dimensions. Ce raisonnement devient clair si nous le comparons à celui d'Abû l-Hudhayl, car il prétendait que six atomes suffisent pour former un corps : deux à gauche et à droite, deux autres en avant et en arrière et enfin deux autres en haut et en bas. Avec cela, on n'arrive jamais à un corps géométrique ; même si l'on pense à un *cluster*, un ensemble cohérent sans côtés réguliers, on aurait besoin d'un septième atome au milieu. Les six atomes ne marquent que les directions dans l'espace[28]. D'ailleurs, leur nombre se laisserait réduire encore plus. Abû l-Qâsim al-Balkhî dira plus tard que quatre atomes suffisent ; pour cela, il faut

27. *Ibid.*, p. 67.
28. *Ibid.*, p. 225-227.

seulement s'imaginer qu'un atome central qui est toujours le même fasse pendant à un deuxième qui, avec lui, marque la gauche et la droite, à un troisième qui, avec lui, marque l'avant et l'arrière et à un quatrième qui, avec lui, marque le haut et le bas[29].

Dans tous ces modèles, les atomes équivalent à des « minimes » *(elákhista)* conçus à la manière d'Épicure, mais localisés dans un espace discret qui a la structure d'une grille à trois dimensions. Ils remplissent une case, et l'on peut imaginer cette case sous forme de carré, comme sur un échiquier. Mais en ce qui concerne leur forme, il faut toujours garder à l'esprit que parler de cubes n'est qu'une métaphore. Les atomes *ressemblent* à des cubes, comme disait un théologien tardif. Pour *être* des cubes réels, ils doivent être des corps. Ce ne sont pas des points ; l'expression « point » appartient à la géométrie continuiste d'Euclide. Mais il nous reste à résoudre la question de savoir s'ils ont une extension. Dans son livre pionnier publié il y a plus d'un demi-siècle[30], Shlomo Pinès a soutenu le contraire ; de fait, nous ne possédons aucun texte qui nous fournisse une réponse concernant Abû l-Hudhayl. Pour les théoriciens du IVe siècle, cependant, il ne fait pas de doute qu'ils répondirent par l'affirmative ; pour cela ils avaient leur catégorie de *tahayyuz*. Abû l-Hudhayl n'avait que le *kawn*, la « localisation », et il ne conçut pas encore ce *kawn* comme accident. Mais même s'il n'avait pas encore clarifié ses catégories, la dynamique intérieure de son système le poussait dans la direction qu'allaient poursuivre ses successeurs. Ceux-ci, hantés par les objections de Nazzâm, se hâtèrent de la préciser.

---

29. *Ibid.*, p. 227 ; cf. le diagramme chez DHANANI, *The Physical Theory…*, *op. cit.*, p. 135.

30. *Beiträge zur islamischen Atomenlehre*, Berlin, 1936.

VI

Cependant la théorie suffisait-elle pour expliquer la réalité ? Considérons par exemple des chevaux sur un champ de courses, qu'advient-il alors au niveau atomique ? Ils courent à vitesse différente, et ils peuvent accélérer leur mouvement. Peut-être l'exemple est-il trop complexe ; un mouvement qui est réalisé par un être vivant est aussi une action, et avec elle nous entrons dans une dimension nouvelle. Or, les mêmes phénomènes peuvent être constatés dans le cas d'un objet inanimé, une flèche par exemple : quand une flèche se meut après avoir été décochée, elle le fait à vitesse différente qui se réduit constamment. Pour l'expliquer, il aurait fallu introduire le facteur temps. Abû l-Hudhayl ne semble pas y avoir pensé. Certes, les doxographes nous transmettent une définition qu'il a donnée du temps – chose rare dans nos sources –, et il la développe même sur une base atomique en parlant de l'instant *(waqt)* au lieu du temps continu *(zamân)*. Mais ici son intention est anthropologique plutôt que physique ; il cherche à expliquer la relation entre le temps et les actes humains[31]. Certes, il savait aussi que le mouvement se déroule toujours dans le temps, en procédant d'un premier instant *(waqt awwal)* à un deuxième *(waqt thânî)*. Mais en ce qui concerne le phénomène de l'accélération et de la vitesse changeante, il se borna à le traiter dans un contexte tout à fait matériel. Il disait que, comme accident, le mouvement ne se lie pas simplement au corps compact tout entier, mais à ses atomes particuliers. Or, il n'est pas nécessaire que *chaque* atome du corps (de la flèche) soit occupé par une unité de mouvement ; même si quelques-uns seulement servent de substrat à cet accident, le corps concret

31. TG III, p. 241-243.

commence déjà à se mouvoir ou ne cesse pas complètement de le faire. Les autres atomes sont alors occupés par des unités de pause, *waqafât*, comme disait Abû l-Hudhayl ; la relation entre les unités de mouvement *(harakât)* et les unités de pause *(waqafât)* détermine la vitesse[32].

Dans le détail, Abû l-Hudhayl diffère d'Épicure. Celui-ci avait expliqué le phénomène de l'accélération par le fait qu'au début les atomes d'un corps mouvant ne se meuvent pas tous dans la même direction ; ce n'est qu'après un certain temps que le mouvement devient uniforme. Chaque mouvement dirigé passe donc par un stade d'inertie. Abû l-Hudhayl, au contraire, essaya de quantifier le procès ; il semble, en outre, que sa distinction entre *harakât* et *waqafât* correspondît mieux à son concept de géométrie discrète. Mais sa solution suscitait quand même des problèmes particuliers. Car on dut prendre en considération qu'en général l'accident de mouvement était conféré à l'objet mouvant par une force extérieure, souvent par l'homme. Or, il arrive que l'impulsion soit exercée par deux personnes à la fois, si elles veulent déplacer une pierre par exemple. On doit alors s'imaginer que toutes les deux agissent sur une partie des atomes seulement ; elles se les partagent mutuellement pour ainsi dire, chacune selon sa force individuelle. Mais supposons que le nombre des atomes soit impair ; en ce cas, les deux personnes ne pourraient jamais appliquer leur force de manière strictement égale[33].

Nous ne savons pas si Abû l-Hudhayl se serait laissé impressionner par un tel argument. Il aurait toujours pu dire que, dans une pierre qui se meut lentement, il y a toujours des atomes qui ne sont pas encore occupés par un accident de mouvement. Comme nous ne connaissons pas leur nombre, nous ne savons

32. *Ibid.*, p. 233-236.

33. *Ibid.*, p. 236 et 121 (avec correction vol. V, p. 307).

pas non plus si celui-ci est impair ou non. L'argument cité ne fut d'ailleurs pas dirigé contre Abû l-Hudhayl, mais contre un de ses contemporains, Bichr b. al-Muʿtamir. La concession que les atomistes allaient faire, à la longue, dans cette question consista plutôt à soutenir que même des accidents – le mouvement, mais aussi la couleur, etc. – sont divisibles. Il existe donc quelque chose comme des atomes d'accident – une conséquence qui ne correspondait pas très bien à l'esprit du système[34]. Mais cela est un détail. Le plus important est que, de nouveau, nous rencontrons Nazzâm sur la scène. La différence tient seulement à ce que chez lui, c'est toujours la théorie du saut qui entre en jeu dans sa polémique. Il construisit par exemple le dilemme d'un homme marchant sur un vaisseau qui fait route. Dans ce cas, l'homme n'est pas plus rapide que le vaisseau ; néanmoins, il traverse une plus grande distance, car pendant que le vaisseau fait, disons, vingt aunes, l'homme peut avancer de la poupe à la proue, soit encore une fois vingt aunes. Par rapport à la surface de l'eau, il a donc parcouru quarante aunes, tandis que le vaisseau n'en a traversé que vingt. Cela n'a rien à faire avec le nombre d'atomes dont le vaisseau et lui sont composés ; il doit donc avoir sauté. On se heurte aux mêmes difficultés d'ailleurs si l'on analyse le processus par rapport à la surface de l'eau sur laquelle les deux mouvements se sont produits ; car si nous supposons que le vaisseau a touché chaque case de cette surface, case à dimension atomique, le passager doit en avoir toujours touché la moitié pendant qu'il parcourait la double distance qu'il a effectuée[35]. Ou bien, autre exemple, une meule qui tourne : les atomes s'y meuvent sur des cercles concentriques, et leur nombre s'accroît à mesure que ces cercles s'approchent de la périphérie. Or, la distance parcourue par les atomes périphériques pendant une

34. TG IV, p. 473 s. et 479.
35. TG VI, p. 23 (n. 38) et III, p. 319.

rotation complète est beaucoup plus grande que celle des atomes près de l'axe ; ils doivent donc sauter[36].

Le dernier théorème nous rappelle la fameuse « roue d'Aristote », problème traité pour la première fois dans la *Mécanique* pseudo-aristotélicienne. Héron d'Alexandrie en parle aussi. Il est intéressant de relever que son texte n'est conservé que dans la traduction arabe[37]. En somme, nous avons la quasi-certitude que les racines de toute cette discussion multiforme remontent à l'Antiquité. De la même manière, on trouve des parallèles au « saut » de Nazzâm chez le néo-platonicien Damaskios et d'autres penseurs grecs tardifs[38]. Mais le détail du raisonnement nous est inconnu. Le même bilan négatif doit être établi, du reste, concernant les générations qui vécurent immédiatement après la querelle : les théologiens du IIIe siècle de l'hégire. De nouveau, nous devons nous résigner à extrapoler à partir des textes des IVe et Ve siècles. Hormis quelques remarques des doxographes, nous n'avons rien de précis sur les premières réactions provoquées par la critique de Nazzâm. Les textes postérieurs nous montrent cependant qu'en fin de compte la base théorique de l'atomisme s'était raffinée et avait subtilement changé. Au lieu de dire que la différence de vitesse s'explique par la quantité d'atomes occupés par un accident de mouvement, on dit désormais que le mouvement peut être interrompu par des moments de pause ou de repos *(sakanât)*, moments infiniment petits et imperceptibles par lesquels la vitesse diminue[39]. Dans le cas de la meule, cela vaut, par exemple, pour les atomes situés près de l'axe, à la différence des atomes périphériques qui continuent simplement leur cours. Dans le cas d'une roue dentée, on pouvait même observer ces

36. *Ibid.*, p. 21 s. (n. 36).
37. TG III, p. 320.
38. *Ibid.*, p. 323 s.
39. *Ibid.*, p. 236 s.

instants de repos, un peu comme dans nos horloges de gare ou dans un film qui se ralentit. Avec cet ajustement, le modèle avait fini par incorporer totalement l'atomisme temporel ; les instants de repos ne pouvaient être conçus que comme des minimes[40] au sens d'Épicure. Et le phénomène de l'accélération s'expliquait maintenant comme tout autre mouvement par rapport à l'espace sous-jacent, et non pas par rapport au corps mouvant. La théorie avait donc gagné en cohérence : la nouvelle hypothèse se pliait au postulat du modèle usuel, à savoir qu'un atome isolé (qui ne peut porter qu'un seul accident de mouvement) avance d'une seule case d'espace pendant une unité de temps. Au contraire, l'explication qu'avait donnée Abû l-Hudhayl ne pouvait être appliquée qu'au cas où il y avait au moins deux atomes. Nazzâm avait certainement contribué à préciser le raisonnement. Mais au fond, les dilemmes qu'il avait mis au jour restaient insolubles ; au niveau des axiomes, les partis opposés ne tenaient pas le même langage. On pouvait vraiment se demander s'il était possible de poser qu'une meule est simplement composée d'anneaux d'atomes. Il s'agit d'un objet cohérent, et si à des endroits différents certains atomes commencent à faire des pauses tandis que les autres continuent leur cours, la meule vole en éclats[41].

VIII

Bien entendu, l'atomisme tel qu'il fut conçu par Abû l-Hudhayl n'était pas fait pour la physique. En effet, le peu que nous savons de la discussion qui occupa ses premiers successeurs nous montre que celle-ci continuait tout d'abord à tourner autour des axiomes. On se préoccupait énormément de la rela-

---

40. Voir plus haut, p. 87.

41. DHANANI, *The Physical Theory…*, *op. cit.*, p. 177-180.

tion entre l'atome et le corps ou, chose importante pour un théologien, de la question de savoir s'il est possible, dans un modèle fondamentalement matérialiste comme l'atomisme, de faire la distinction entre le monde inanimé et les êtres vivants. Les cerveaux des *mutakallimûn* étaient forgés suivant des catégories juridiques, c'est pourquoi on s'obstinait toujours à construire une définition avant de résoudre un problème. Comme nous l'avons vu, on avait constamment réduit le nombre d'atomes nécessaires à un corps : huit d'après Muʿammar, six d'après Abû l-Hudhayl, et enfin quatre d'après Abû l-Qâsim al-Balkhî. Certes, un disciple d'Abû l-Hudhayl, Hichâm al-Fuwatî, s'était lancé dans la direction opposée en postulant des molécules à trente-six atomes[42] ; mais son idée ne remporta pas de succès. On était même prêt à se limiter encore plus : à trois atomes (Qalânisî), à deux ou seulement à un[43]. Car si l'on envisage un corps sous l'angle de sa définition, il n'est rien d'autre que le composé *(al-mu'allaf)*, à cause du *ta'lîf*, jonction ou cohésion qui tient ses atomes ensemble. Or, pour une jonction simple, deux atomes suffisent. D'autre part, le *ta'lîf* est un accident ; où donc est son substrat ? Est-ce que l'on peut vraiment supposer qu'il s'agisse d'un accident qui est inhérent à deux substrats à la fois, à savoir les deux atomes qui se sont agrégés ? Pourquoi ne pas postuler que le *ta'lîf* est situé, comme potentialité, dans chaque atome, tandis que tout le reste n'est qu'un problème verbal, parce que l'on ne commence à *parler* de jonction que quand celle-ci s'est réellement produite. Atome et corps seraient alors virtuellement identiques, et l'on pourrait s'épargner toute discussion sur les différentes connotations du terme *jawhar* « substance[44] ». Pour le contexte général de la théorie, les conséquences étaient

42. TG IV, p. 4 s.
43. *Ibid.*, p. 467 s.
44. *Ibid.*, p. 137 s.

énormes. Un atome qui ne se joint qu'à un seul autre pour former un corps n'a plus besoin de côtés ; si les deux se touchent, ils se confondent entièrement. Celui qui défendit cette thèse, un certain Sâlih Qubba, avait étudié chez Nazzâm ; il savait que l'idée d'un atome qui a des côtés sans posséder des dimensions frisait l'absurdité[45]. Mais il restait atomiste, car il postula que chaque atome occupe un espace, et que deux atomes occupent plus d'espace qu'un seul, en dépit du fait que maintenant les deux se trouvent au même endroit. Sa théorie contredit l'évidence sensuelle, mais au niveau spéculatif elle ne manquait pas de cohérence. Tout en attaquant ses contradictions internes, on en retint néanmoins la démarche fondamentale. Ach'arî lui-même croyait que deux atomes suffisent à un corps, et beaucoup d'ach'arites l'ont suivi.

Le deuxième problème qui s'est posé dès le début appartenait plutôt au domaine de ce que nous appellerions aujourd'hui la microbiologie : la structure atomique des êtres vivants. Cependant, comme on peut s'y attendre, l'accent fut mis sur une autre dimension : l'anthropologie. Dirâr b. 'Amr s'était contenté de l'hypothèse selon laquelle l'homme, comme tout être aperceptible, est composé des phénomènes sensibles et accidentels susceptibles d'être constatés. Autrement dit, on peut percevoir sa chaleur, voir son teint, sentir son odeur ; mais sa personne se limite à tout cela comme « faisceau », il n'a pas d'âme, du moins pas d'âme indépendante du corps. L'homme est réduit à son simple fonctionnement ; sa personnalité se manifeste dans ses actions qui peuvent être qualifiées de bonnes ou mauvaises par la loi religieuse. Dirâr était juge, et les catégories qu'il utilisait n'étaient pas celles d'un philosophe. Pourtant elles mirent du temps à être tenues pour insuffisantes. Certes, Abû l-Hudhayl fut plus rapide à se rendre compte qu'il y avait quelque chose qui

45. TG III, p. 425 s.

caractérisait l'homme au-delà de ce faisceau de phénomènes avec lesquels nous sommes confrontés partout, à savoir la vie. Il a réfléchi sur l'âme humaine, et il se peut qu'il vît le problème ; mais – à part le fait que nos sources sont ici encore plus imprécises – il n'y a pas de doute qu'il crût que l'âme meurt avec le corps. Et quand il se trouva obligé de définir l'homme, il se borna à des formules telles que « ce corps vivant *(jasad)* qui mange et boit » ou « cette figure *(chakhs)* qui a deux mains et deux pieds ».

La découverte de l'âme immortelle dans la théologie musulmane est due à Nazzâm (et d'une certaine manière à un théologien chiite dont il subit l'influence, Hichâm b. al-Hakam). Nazzâm introduisit la notion de *rûh*, ou *pneuma*, qu'il comptait parmi les « corps » qui s'interpénètrent et qui, par leur mélange, forment l'homme, et il en prouva l'immortalité par les arguments qu'avait développés Platon dans son *Phèdre*. Pour lui, la vie résulte du *pneuma*, et l'homme et le *pneuma* sont, strictement parlant, identiques, le corps n'étant plus qu'une enveloppe charnelle, corruptible et périssable, un *haykal*, *Gehäuse*. Les atomistes, au contraire, n'ont jamais trouvé un terme aussi clair pour décrire la singularité de l'homme. Certes, ils étaient convaincus que les différentes parties du corps humain n'agissent pas indépendamment ; ils forment plutôt, comme on disait, une totalité, un ensemble *(jumla)* qui est spécifiquement structuré et par rapport auquel la vie, le savoir, l'agir, etc., se présentent comme des accidents ou des conditions, des états *(ahwâl)* d'après la terminologie d'Abû Hâchim. Mais, au fond, le vocabulaire restait inadéquat parce que le système ne prévoyait pas une telle complexité[46].

Pourtant, la majorité des théologiens mu'tazilites ont tourné le dos aux idées de Nazzâm. Il y a de quoi s'en étonner, car, au regard d'une perspective moderne, elles n'étaient pas sans mérite,

46. Cf. TG IV, p. 479 s. et 513-517 avec les références qui y sont données.

et peuvent même être considérées comme plus avancées. Mais dans le passé, les controverses étaient différemment accentuées. Nazzâm n'offrait pas de concept satisfaisant pour expliquer la création ; il apparaissait que les éléments qui, d'après lui, se mélangent dans les objets existants avaient été créés tous à la fois et qu'ensuite ils furent seulement indéfiniment arrangés comme dans une gare de triage[47]. Sa théorie du mouvement ne comportait qu'une idée originale, le « saut » ; mais l'axiome fondamental, le mouvement conçu comme quelque chose de continu, ne put être démontré qu'après l'invention du calcul infinitésimal par Pascal et Leibniz[48]. L'hypothèse du *pneuma* risquait d'aboutir à la doctrine d'une âme universelle ; en effet, il y eut des disciples de Nazzâm qui croyaient à la métempsycose[49]. L'atomisme, en dépit des problèmes qui lui sont propres, semblait être la meilleure alternative.

Or si l'on s'y tenait, on dut, à la longue du moins, prendre en considération l'accroissement du savoir philosophique et doxographique. Depuis Ishâq b. Hunayn (qui mourut en 289 de l'hégire), on possédait une traduction de la *Physique* d'Aristote ; des fragments de la pensée d'Épicure étaient disponibles dans la version arabe des *Placita philosophorum* de pseudo-Plutarque. Ce surcroît d'information, une nouvelle poussée d'acculturation pour ainsi dire, semble avoir tourné la théologie vers la physique, vers les aspects réels de la théorie. Ce n'est qu'alors que l'on commençait à réfléchir sur la nécessité d'un vide dans un monde atomique ; Abû l-Hudhayl n'en avait pas encore parlé, Nazzâm non plus. Ce qui est étrange, puisque Démocrite s'était posé cette question dès le début. En effet, on a peine à comprendre comment, dans un espace discret, les atomes peuvent se mouvoir

47. TG III, p. 367-369.
48. *Ibid.*, p. 317.
49. *Ibid.*, p. 428-445.

sans des cases non occupées. Mais l'originalité des théologiens avait consisté justement à dégager l'atomisme du fonctionnement de ce monde sublunaire. Là où les Grecs avait parlé de la *phusis*, de la nature, eux parlaient toujours de Dieu. Dans la mesure où ils avaient déjà une connaissance de la pensée d'Aristote – Nazzâm prétendit l'avoir réfutée –, ils auraient pu renvoyer au fait que, en ce qui concerne le vide, Aristote non plus n'avait pas vu la nécessité de postuler quelque chose d'identique. Il est vrai que les stoïciens avaient cru à l'existence d'un vide : mais ils se l'imaginaient seulement en dehors de l'univers. C'est ce que pensèrent aussi, d'ailleurs, quelques *mutakallimûn*. Or, un vide en dehors de l'univers n'avait aucune importance pour la théorie du mouvement. Un vide à l'intérieur du monde, c'était plus grave ; pourquoi admettre quelque chose d'inexistant et d'incommensurable dans l'ordre de l'univers ou dans la création de Dieu ? Straton de Lampsaque avait déjà montré que, si l'on jette une pierre dans un récipient rempli d'eau, la pierre ne fait que changer de place avec l'eau ; au lieu d'occuper une place vide la pierre se met à la place d'une autre matière. Abû l-Hudhayl semble avoir supposé que là où il n'y a pas d'objet, l'espace est rempli d'air ; c'est l'air dans une chambre qui empêche les murs de s'approcher l'un de l'autre et de se joindre. L'air est, comme disait Abû l-Hudhayl, le lieu *(makân)* pour les corps. Du reste, il ne parlait pas d'un espace dans lequel un objet quelconque est situé mais d'un lieu où il se trouve, et ce lieu n'est qu'un accident de l'objet même. C'est dans le même esprit qu'Abû l-Qâsim al-Balkhî commença à faire des expériences physiques pareilles à celles faites par Straton plus d'un millénaire auparavant.

Mais c'étaient justement ces expériences qui éveillèrent la curiosité et la critique. Abû Hâchim constata qu'il est impossible pour les animaux de vivre dans un puits profond et expliqua ce fait par l'absence d'air, c'est-à-dire par le vide. D'autres s'inspiraient des passages de la *Physique* où Aristote avait évoqué des expériences identiques qu'il rapportait à Anaxagore ; de même, on se laissait influencer par Héron d'Alexandrie. Peu à peu on changea d'avis. Le Qâdî 'Abd al-Jabbâr, grand maître mu'tazilite du tournant du Ve/XIe siècle, considéra l'existence du vide comme indispensable, et son disciple Abû Rachîd le prouva contre les « naturalistes » *(ashâb al-tabâ'i')* de Bagdad, expression équivoque derrière laquelle ne semble se cacher rien d'autre que l'école d'Abû l-Qâsim al-Balkhî, école à laquelle Abû Rachîd avait d'ailleurs appartenu avant. L'école dite « basrienne » à laquelle il se rallia ensuite, réussit à étendre son influence au-delà des mu'tazilites ; l'existence du vide fut acceptée par la majorité des ach'arites [50].

La théorie atomiste avait connu son apogée. Durant les époques suivantes, les contours s'effacèrent de plus en plus. Nous ne savons pas quand l'atomisme s'éteignit. À la longue, les théologiens, confrontés à une antipathie croissante à leur encontre, eurent tendance à se débarrasser des préliminaires physiques ; en même temps, le succès énorme de la philosophie d'Avicenne les invita à se pourvoir d'une nouvelle infrastructure. Avicenne n'aimait pas l'atomisme ; il le réfuta dans un long chapitre de sa *Physique*. En fin de compte, il fit peu de cas des *mutakallimûn* ; sous cet aspect, il ne percevait aucune différence entre Nazzâm et ses collègues. Or, ce refus général était un peu exagéré ; ceux qui voulaient rester des *mutakallimûn* continuaient à réfléchir sur les arguments de Nazzâm. Fakhr al-dîn al-Râzî, tout en étant bon commentateur d'Avicenne, les énumère tous pour les réfuter ensuite dans un de ses ouvrages philosophiques, les *Mabâhith al-machriqiyya*. Al-Bîrûnî, contemporain d'Avicenne – il était de sept ans son aîné –, se montra même plus sceptique envers la nouvelle vague ; il connaissait l'atomisme indien et, sur un ton quelque peu mordant, voulut savoir, dans sa célèbre correspon-

50. TG IV, p. 468-470.

dance avec son cadet, pourquoi Aristote avait traité les atomistes de manière si hautaine. Même à l'époque mongole, nous trouvons encore des théologiens qui suivent l'ancien système ; le chiite Maytham b. ʿAlî al-Bahrânî en est un bon exemple[51]. C'est pourquoi on pouvait toujours voir les idées anciennes dans de nouveaux habits ; Bahâ' ul-dîn Valad, le père de Jalâl ul-dîn al-Rûmî, se servit de concepts atomistiques pour exprimer sa psychologie mystique[52]. On ne peut pas nier que le modèle développé par Abû l-Hudhayl montra beaucoup plus de résistance contre l'usure des siècles que les systèmes de notre temps. Je ne suis pas tout à fait sûr que cela soit un mérite ; mais le fait en tant que tel mérite au moins d'être relevé.

51. *Ibid.*, p. 476 s. et 558.

52. F. Meier, *Bahâ'-i Walad. Grundzüge seines Lebens und seiner Mystik*, Leyde, 1989, p. 436-439.

4.

Théologie et réalité humaine : images historiques et idées politiques[1]

I

L'islam moderne, aussi bien dans ses tendances réformistes que ses courants intégristes, s'inspire d'une vision de l'histoire qui favorise le début par rapport à la fin, le passé par rapport à l'avenir. Il s'agit là, sans aucun doute, d'une utopie, l'utopie du commencement idéal pour ainsi dire. Ce genre d'utopie qui se nourrit de rétrospective, une utopie à reculons en quelque sorte, est assez fréquent. En Europe, on le connaît par les nationalismes du XIXe siècle ; là aussi, on s'est construit un passé mythique pour se forger pour soi-même une identité, un passé mythique reconstitué par une lecture orientée des textes historiques. On sait d'ailleurs que les utopies ne sont jamais complètement étrangères à la réalité ; le problème vient plutôt du fait que la réalité est violée en raison de l'interprétation imposée par l'utopie. Pour les musulmans, un élément supplémentaire vient s'y ajouter, la révélation. Celle-ci marque le début de la réalité historique et forme, par conséquent, une partie ineffaçable de l'utopie. Le message divin fut adapté, avec un succès inattendu, aux contingences de

1. Je résume ici ce que j'ai dit dans TG IV, p. 695-717.

ce monde. Il est parfaitement logique d'appréhender le Prophète comme le fondateur de sa communauté, qui, en sa qualité de législateur, créa une société nouvelle. Et il va de soi que l'on peut en induire le postulat de rebâtir cette société aujourd'hui selon les catégories développées à l'époque. Mais on doit toujours reconnaître que ce n'est pas la seule manière d'interpréter le rôle du Prophète. Certes, les premières générations de l'islam ont su comme nous que la nouvelle révélation avait suscité un changement fondamental. Comparé à la période préislamique, la *jâhilîya*, l'islam marquait un tournant radical. Quant au Prophète, on le considérait cependant surtout comme un guide *spirituel*, comme le modèle du comportement parfait aux plans rituel et moral ; c'était là le contenu principal de la *sunna*. Dans le domaine politique, ce furent, en ce temps-là, plutôt les premiers califes qui tracèrent les lignes d'orientation pour l'avenir : par leurs campagnes militaires hors de la péninsule Arabique et leurs victoires sur les deux grands empires de l'Ancien Monde, mais aussi par leurs querelles internes, le schisme de la première guerre civile. C'est à leur époque que la communauté prit définitivement ses distances à l'égard des idées eschatologiques et échangea l'idéal de la liberté bédouine contre le concept d'un gouvernement structuré, d'un « État » si l'on veut.

En principe, l'époque des successeurs du Prophète s'ouvrait sur le devant de la scène historique : on ne regardait pas encore en arrière. Le sentiment d'avoir perdu quelque chose, d'avoir abouti à une rupture qui marquait la fin d'une ère idéale, d'un âge d'or pour ainsi dire, ne se développa que peu à peu, et il ne prit forme qu'avec le concept des califes « bien guidés », *al-khulafâ' al-râchidûn,* un concept, conforté par le nombre canonique de quatre, qui mit longtemps à apparaître, de fait pas avant la première moitié du IIIe siècle où Ahmad b. Hanbal fut un des premiers à le défendre, et encore seulement à la fin de sa vie. Pourquoi justement quatre et pas deux ou trois ? Les chiites n'ont jamais accepté cette construction. L'image qu'on se fait de l'histoire est toujours sélective ; elle contient un facteur d'arbitraire. On ne peut donc, à son égard, s'interdire de poser des questions du type : qu'aurait-on pu y incorporer, et pourquoi s'est-on finalement décidé pour la réalité exemplaire que nous trouvons dans les livres (et, hélas, seulement dans les livres) ? Trois des quatre premiers califes furent assassinés ; la réalité était donc loin d'être aussi idyllique que le supposait le schéma. Mais ces meurtres furent quasi oubliés, à l'exception peut-être de celui de 'Uthmân. Quant à celui de 'Umar, on s'en disculpait, en prétextant qu'il avait été tué par un non-musulman ; il était donc mort en martyr. Le cas de 'Alî était identique ; ce n'était certes pas un mécréant qui l'avait assassiné, mais sûrement un hérétique, un khârijite.

'Uthmân, au contraire, avait été tué par de vrais croyants. En outre, son successeur, 'Alî, fut soupçonné d'avoir trempé dans l'affaire, ou tout au moins d'en avoir profité. À la longue, ce ne fut pas le meurtre en tant que tel qui causa le choc, mais le schisme qui en résulta. L'unité de la communauté s'était défaite ; désormais, il y avait des partisans de 'Uthmân, les futurs sunnites, et des partisans de 'Alî, les futurs chiites. En principe, cela n'aurait pas dû se passer ainsi, car, dans le Coran, la division est imputée aux infidèles, surtout aux chrétiens. Eux s'étaient détruits mutuellement par leurs querelles théologiques. L'islam, au contraire, avait reconstitué l'ancienne révélation primordiale. Ce développement était, disait le Coran, un signe de la miséricorde divine[2]. Dès lors pourquoi y avait-il discorde dans les rangs musulmans, pourquoi cette division et cette effusion de sang qui allaient se perpétuer dans les générations à venir ? On avait clairement contrarié le commandement de Dieu, et il fallait chercher le coupable. On commençait à se justifier, à s'accuser même ;

2. Voir plus haut, p. 23.

c'est de cette manière qu'est née l'historiographie. On se demandait aussi comment on aurait dû procéder, en bon musulman ; c'est comme cela que commença la théorie politique. On jugeait les événements constamment à partir de critères religieux ; c'est ainsi que la théologie entra en jeu. On ne parlait pas d'inconduite mais de péché, et le malheur voulut que ceux qui s'étaient entretués étaient les Compagnons du Prophète, par conséquent ceux qui allaient justement devenir des modèles pour les générations postérieures.

II

C'est cela la constellation que je voudrais prendre comme point de départ : le mélange explosif d'historiographie, de théologie et de pensée politique. Ce qui importe surtout, c'est la chronologie : ces trois dimensions apparaissent en même temps, et elles apparaissent tellement tôt qu'elles font partie du processus de recherche de l'identité qui agite les premières générations et continue de le faire de nos jours. Cela nous explique l'efficacité de ces idées, et aussi pourquoi on n'a jamais cessé de réinterpréter ce passé et de relire les textes qui en parlent. En outre, ces relectures répétées ont déterminé le destin de nos sources. Beaucoup d'interprétations perdirent bientôt leur valeur, et quand elles ne furent plus à la mode, les textes dans lesquels elles avaient été exprimées ne furent plus copiés. Les pertes sont énormes. Dans le domaine de l'historiographie nous avons parfois la chance de reconstruire un ouvrage perdu ; quant à la théorie politique il ne nous reste que la doxographie[3]. Les résumés qu'on y trouve sont brefs et insuffisants ; et il faut

3. Du moins en ce qui concerne les théologiens. Les écrits composés par les *kuttâb* (ʿAbd al-Hamîd b. Yahyâ, Ibn al-Muqaffaʿ, etc.) et les miroirs de princes ont eu plus de chance.

déployer beaucoup d'imagination pour leur redonner leur plasticité originale.

Le schisme continue, nous le savons, jusqu'à nos jours. Les efforts œcuméniques ont commencé très tôt, mais ils ont tous échoué. Cependant ils ont influencé l'image de l'histoire, et ils ont, à leur tour, fait surgir des écoles de pensée, des « sectes », comme on dit généralement, qui ont accompagné les deux grandes confessions. Ceux qui voulaient réconcilier les partis étaient tous d'avis qu'il n'était plus possible d'imputer la faute à un seul coupable ou à un seul groupe ; d'une manière ou d'une autre, ils voulaient oublier l'affaire. Ainsi la murji'a parvint à la recommandation d'ajourner le jugement ; c'est de là qu'elle reçut son nom. Au début, la doctrine de l'*irjâ'* fut formulée à l'égard de 'Alî et de 'Uthmân ; on soulignait que l'on ne savait plus qui des deux avait commis le « péché ». C'était donc d'abord un avis appelant à la modération politique[4]. Plus tard, lorsque la situation du présent devint telle que même le courant murji' ite n'était plus en position de rester neutre, le principe politique se convertit en doctrine théologique : personne ne doit mettre en cause la foi d'un de ses coreligionnaires. Dieu seul décidera qui sera puni et qui en échappera ; en revanche, ici-bas, tous les musulmans restent unis par l'islam[5].

Cette prise de position date du dernier quart du Ier siècle ; elle intégrait la leçon des deux premières guerres civiles. On était fatigué, et l'on espérait rétablir la paix en prononçant une amnistie générale. Mais ce qui s'ensuivit fut, à l'inverse, une troisième *fitna*, plus farouche et plus universelle que les deux précédentes ; la révolution abbasside en fut l'aboutissement. Dans le climat de désarroi général qui régna au cours de la dernière décade avant l'avènement de la nouvelle dynastie, nous rencon-

4. TG I, p. 169-171 et 175 s.
5. *Ibid.*, p. 183 s.

trons un nouveau groupe de théologiens qui s'attaquent au même problème, bien que ce soit avec beaucoup plus de désillusion : les mu'tazilites. Ils s'attaquent à la situation actuelle, mais en parlent seulement de manière indirecte. Ils évoquent plutôt l'époque antérieure, donc celle sur laquelle la murji'a s'était déjà prononcée, sauf qu'ils soulignent maintenant la dimension du péché beaucoup plus fortement que celle-ci. Le péché a détruit la *'adâla*, c'est-à-dire l'intégrité et la fiabilité de ceux qui étaient responsables des batailles au cours de la première guerre civile ; par conséquent, eux tous sont compromis comme témoins. Mais comme nous ne savons pas qui d'entre eux avait tort, la situation ressemble à un cas d'adultère où les partenaires prononcent l'un contre l'autre le *li'ân*, la malédiction mutuelle ; le mariage est alors rompu, mais le jugement sur la culpabilité reste en suspens. Le témoignage des deux partenaires continue d'être accepté, sauf s'ils témoignent l'un contre l'autre. L'argumentation avait donc pris un tour juridique, ce qui est caractéristique pour le *kalâm* en général et n'est pas si surprenant qu'on le croit. Néanmoins, on peut se demander pourquoi on se préoccupait du témoignage de personnes qui étaient mortes il y a deux ou trois générations. La raison en est que l'on songeait aux hadîths qu'ils avaient transmis ; c'est avec ces traditions que le schisme fut normalement justifié et renforcé. L'intégrité, *'adâla*, dont on parle est donc celle conçue par les spécialistes du hadîth[6].

D'une certaine façon, les *ashâb al-hadîth* retinrent la leçon. Ils élaborèrent des critères pour exclure les traditions trop partiales. Mais ils appliquaient ceux-ci seulement contre les autres, les « hérétiques ». Quant à eux-mêmes, ils ne parvenaient pas à différencier le hadîth de l'historiographie. Ce qui en émerge est le concept des quatre califes « bien guidés » *(al khulafâ' al-râchidûn)* où l'intégrité, la *'adâla*, des premiers califes est quasi pétrifiée.

6. TG II, p. 271-273.

À la longue, même les mu'tazilites s'y rallièrent. Au début, on n'avait reconnu que trois califes de la première génération, lesquels, en outre, n'étaient pas toujours les mêmes : Abû Bakr, 'Umar et 'Uthmân à Médine et à Basra, Abû Bakr, 'Umar et 'Alî à Koufa. À la fin du IIe siècle, quelques *muhaddithûn* de Koufa firent une concession : Abû Bakr, 'Umar, 'Alî et, avec une certaine réserve, aussi 'Uthmân. Toujours est-il que ce dernier appartenait aux Compagnons *(sahâba)* ou, pour le dire plus précisément, aux *'achara al-mubachchara,* les dix personnes à qui le Prophète avait promis le paradis. D'autres *muhaddithûn* se sentirent alors poussés à rétablir la séquence historique, c'est-à-dire à intervertir les places de 'Alî et 'Uthmân, privilégiant ainsi 'Uthmân et l'élevant finalement au même rang que les autres. La glorification des quatre *khulafâ' râchidûn* avait ainsi commencé ; elle coïncidait avec la canonisation des Compagnons [7].

Mais que faire alors des batailles du Chameau et de Siffîn ? Ceux qui s'étaient battus pendant ces crises étaient, après tout, des Compagnons. On se résolut à prétendre que ceux qui avaient été responsables du meurtre de 'Uthmân et des batailles qui s'étaient ensuivies n'étaient pas les Compagnons de premier plan mais des personnes du niveau inférieur, des bédouins ou des extrémistes chiites, ceux que l'on appelait la *Saba'iyya* en ce temps-là. Sayf b. 'Umar se trouve parmi ceux qui propageaient ce mythe historique [8]. Mais celui qui en fit une véritable doctrine scientifique était le mu'tazilite Hichâm al-Fuwatî, un disciple d'Abû l-Hudhayl qui vécut à l'époque d'al-Ma'mûn. Pour lui, la bataille du Chameau n'avait été qu'un malentendu, un désastre causé par les suiveurs et non par les protagonistes comme Talha

7. Ou, pour suivre la terminologie arabe, avec la condamnation de la critique des *sahâba (sabb al-sahâba)* ; cf. TG I, p. 236 s., II, p. 436, III, p. 451.

8. Cf. E. LANDAU-TASSERON, dans *Der Islam,* 67, 1990, 2 s.

ou Zubayr [9]. Il se peut que Hichâm al-Fuwatî fût du genre à fermer les yeux devant la réalité. Mais les *ashâb al-hadîth*, eux aussi, commençaient à favoriser une solution de cette sorte. Walîd b. Abân al-Karâbîsî, un théologien de Wâsit, contemporain de Hichâm al-Fuwatî sans être mu'tazilite comme lui, pensait que, en s'engageant dans la bataille, 'Alî et ses adversaires n'obéirent qu'à leur *ijtihâd*. Or, dans l'*ijtihâd* il y a toujours de la place pour l'erreur impunie, car *kullu mujtahid musîb* [10]. C'est cette variante juridique qui fut acceptée dans l'avenir, fût-ce avec quelques modifications, par beaucoup de théologiens de l'école d'Ibn Kullâb et d'al-Ach'arî, des châfi'ites surtout, mais aussi par un mâlikite comme Bâqillânî [11]. Le besoin de venir à bout du passé était universel.

III

La position de Hichâm al-Fuwatî était certainement idéologique. Pour l'étayer il fallait manipuler les sources, mais elle avait l'avantage d'évacuer une discussion qui était devenue stérile. Ainsi pouvait-on fixer l'attention sur d'autres sujets, sur des questions qui concernaient le fonctionnement pur et simple, la succession, par exemple, ou le système politique comme tel. Il y avait de nombreux problèmes à régler : qui allait devenir calife ? Devait-on l'élire et selon quel mode allait-on procéder ? Le pouvoir qui lui a été conféré pouvait-il lui être soustrait plus tard, et pouvait-on déposer un calife ? Le pouvoir gouvernemental, l'État, était-il, après tout, une nécessité absolue ? On n'attendra

9. TG IV, p. 14 s.
10. TG III, p. 439.
11. TG IV, p. 700.

pas Mâwardî pour apporter des réponses à ces questions. Dès le début, théologiens et juristes en débattirent longuement.

Or, comme toujours et partout, on aura soin de faire la différence entre la théorie et la pratique. La théorie se développe librement, et elle dispose de temps ; normalement elle vient assez tard. La pratique doit se décider ; elle crée des réalités. En matière de prise du pouvoir, la pratique des califes « bien guidés » était loin d'être uniforme. Abû Bakr fut nommé par acclamation, mais celle-ci n'était pas préparée, elle fut arrangée un peu à l'improviste, *faltatan* comme le déclara 'Umar par la suite, sans procédure régulière. 'Umar lui-même fut désigné par son prédécesseur ; il devait donc son pouvoir à la volonté d'Abû Bakr. 'Uthmân fut élu par un conseil, une *chûrâ* de six personnes, non par le peuple comme on dit parfois de nos jours, mais par un comité électoral dont il était lui-même un membre. 'Alî fut confirmé dans sa fonction de calife par la *bay'a*, le serment d'allégeance prêté par les chefs de la communauté, sauf que, dans son cas, cet acte d'allégeance n'était pas unanime ; tout un groupe s'y était soustrait. Lui-même et ses adhérents n'y attachaient pas beaucoup d'importance ; ils croyaient que le pouvoir appartenait à la famille du Prophète et que ceux qui ne s'y pliaient pas avaient tout simplement tort. Au fond, ceux qui étaient leurs ennemis et qui l'emportèrent sur eux, les Omeyyades et les Abbassides, étaient du même avis : tant qu'ils le purent, ils conservèrent le pouvoir au sein de leur famille. Ils partageaient tous la conviction que le pouvoir était hérité ou donné par Dieu. Pour eux, l'élection n'était pas un acte, elle était une qualité innée.

Pour les partisans de 'Alî, les futurs chiites, cela allait bientôt devenir de la pure théorie. Après l'assassinat de ce dernier, ils ne reprirent jamais le pouvoir avant l'avènement des Fatimides en Afrique du Nord puis en Égypte. Au plan de la réalité, le grand problème qui se posa à leur modèle fut que la descendance de

'Alî fut nombreuse. Les scissions entre les différentes branches étaient quasi inévitables, et de fait elles se produisirent aussitôt. Au plan théorique, leur modèle se heurtait au fait que 'Alî n'avait pas été le premier des califes, mais seulement le quatrième. Comme on ne pouvait pas changer l'histoire, on changeait la perception qu'on en avait, la *Geschichtsbild*, selon l'expression allemande. De ce point de vue, le cas de 'Uthmân était clair : pour eux, il était le vaurien. Mais comment juger Abû Bakr et 'Umar ? Les chiites commencèrent à écrire des traités sur le jour où Abû Bakr avait été nommé calife, *yawm al-saqîfa*, et ils se posèrent la question de savoir comment quelqu'un comme lui, qui n'avait aucun titre au califat, avait pu être élu de manière légitime. La diversité des opinions était très grande, allant de ceux qui considéraient l'élection comme une erreur excusable à ceux qui y voyaient le résultat d'une conspiration. À un certain moment, les théologiens introduisirent la distinction entre le pouvoir de l'homme « vertueux », c'est-à-dire le plus apte au gouvernement en raison de son mérite personnel, *imâmat al-fâdil*, et le pouvoir de l'homme inférieur en mérite, *imâmat al-mafdûl*, qui avait été quand même élu par une majorité. Comme toujours, le schéma ne fut appliqué qu'au passé exemplaire, à l'époque classique des premiers califes : Abû Bakr était de moindre mérite, *mafdûl*, mais il avait quand même eu droit au califat. Vu sous cet aspect, le schéma comportait déjà un préjugé chiite : Abû Bakr était en tout cas de moindre qualité, inférieur en mérite, si on le comparait avec 'Alî. Les deux termes furent peut-être élaborés par des mu'tazilites ; mais ceux parmi eux qui les utilisèrent, Bichr b. al-Mu'tamir par exemple [12], étaient de tendance zaydite, ce qui veut dire ici des chiites modérés qui se soumettaient au gouvernement des Abbassides. Présenté ainsi, le schéma était le produit d'un compromis.

12. TG III, p. 129 s.

Comme il est naturel, l'opposition venait des deux côtés opposés du compromis. De la part de ceux qui soulignaient la prééminence d'Abû Bakr d'abord ; on les trouve à Basra, ville qui avait toujours appuyé 'Uthmân. Mais aussi de la part des extrémistes chiites qui rejetaient entièrement Abû Bakr, et 'Umar avec lui. Pour eux, tous deux avaient été, comme 'Uthmân, des usurpateurs. Cette idée se répandit surtout à Koufa ; on appelait ses adhérents les rawâfid [13]. Au commencement ils ne formaient qu'un groupe parmi d'autres. Ils en vinrent bientôt à représenter la majorité, et leur attitude fut adoptée par ceux que l'on commençait à désigner par le nom d'imamites *(Imâmiyya)* ou, plus tard, de duodécimains *(Ithnâ 'achariyya).* Tant que les théologiens avaient discuté sur l'éminence respective des candidats, ils les avaient comparés les uns aux autres ; pour établir des critères, ils avaient établi des catalogues de vertus. C'est à ce moment qu'on parla, pour la première fois, des qualités nécessaires ou souhaitables pour le souverain. C'est ce que fait par exemple Bichr b. al-Mu'tamir ; ainsi construit-il un thème qui sera développé plus tard par les auteurs sunnites, tel Mâwardî. Les râfidites, au contraire, suivirent une autre voie ; ils n'aimaient pas le clair-obscur. Pour eux, il ne s'agissait pas de combiner des qualités quelconques ; si le pouvoir – l'imâmat comme on disait à cette époque – était légué par testament ou par nomination *(nass)*, la capacité du candidat était une affaire secondaire. En outre, il n'y avait pas de raison d'accorder l'excellence aux Compagnons du Prophète ; du point de vue râfidite, ils étaient tous, à quelques rares exceptions près, discrédités par le fait qu'ils avaient collaboré dans l'intrigue qui permit à Abû Bakr et à 'Umar, qui n'appartenaient pas à la famille du Prophète, de s'arroger le pouvoir aux dépens de 'Alî. La vérité n'était pas le mono-

13. TG I, p. 308-312.

pole de la majorité ; les chiites n'ont jamais accepté le principe de l'*ijmâ'* pratiqué par les sunnites.

IV

La théorie des râfidites n'était qu'une théorie du refus. Mais il y avait d'autres mouvements de résistance qui n'avaient rien à voir avec les chiites. Ils avaient leur propre idéologie, basée sur d'autres arguments. Ils s'appuyaient, bien plus que les chiites, sur le Coran. Ils aimaient se réclamer du « Livre de Dieu et de la *sunna* de son Prophète », et ce qu'ils exprimaient par cette devise était leur volonté de réaliser le vrai islam. Ils avaient tendance à identifier leur propagande avec le commandement du Bien et le rejet du Mal, *al-amr bi'l-ma'rûf wa 'l-nahy 'an al-munkar*, principe repris également du Coran. Tout cela était naturellement une affaire d'exégèse ; le commandement du Bien se prêtait à des interprétations différentes. Les mu'tazilites s'appropriaient par exemple la devise lorsqu'ils étaient encore en situation d'opposition au gouvernement, dans leur phase formative. Quand, plus tard, ils se présentèrent à la cour des califes, ils se hâtèrent de lui donner un autre sens. Car le gouvernement avait également intérêt à « ordonner le bien et interdire le mal », et de le faire conformément au Livre de Dieu et à la *sunna* de son Prophète. Le problème avait un long antécédent. Dans le hadîth se trouvent déjà les traces d'une discussion des savants sur ce sujet : Comment ordonne-t-on le Bien ? Par l'épée *(bi'l-sayf)*, par l'exhortation *(bi'l-lisân)* ou seulement par désapprobation interne *(bi'l-qalb)* ? Qui a le droit d'agir et quelle action entreprendre ? Les réponses divergeaient ; mais elles datent déjà de l'époque omeyyade[14].

14. TG II, p. 387-391.

Or, au moment où l'on en vint aux armes, un verset du Coran entra en jeu, qui provoqua un déplacement de l'intérêt, sourate al-Hujurât 9 : « Si deux partis de croyants se combattent, rétablissez entre eux la concorde. Si l'un d'eux persiste en sa rébellion contre l'autre, combattez [le parti] qui est rebelle, jusqu'à ce qu'il s'incline devant l'ordre de Dieu ! S'il s'incline, établissez la concorde entre eux, avec justice, et soyez équitables ! » Certes, on ne pouvait pas toujours savoir qui était la *fi'a al-bâghiya*, le parti qui se rebelle, mais ce que le verset recommandait était en tout cas la réconciliation, le dénouement des conflits et non pas la poursuite militante d'une confrontation jusqu'à l'issue brutale. La révolte devenait ainsi une irrégularité, une exception, que toute la communauté se devait d'empêcher. Même les rebelles qui pensaient se battre pour une juste cause se trouvaient mis dans leur tort s'ils n'acceptaient pas d'entrer en négociations ou si l'autre parti, le gouvernement en général, semblait faire des concessions. La discussion avait été entamée avec le cas de 'Alî. Comme calife légitime, il avait pu traiter ses adversaires pendant la bataille du Chameau comme un groupe dissident, la *fi'a al-bâghiya*. À Siffîn, il avait eu également le droit de son côté. Selon un hadîth bien connu, le Prophète aurait prédit à 'Ammâr b. Yâsir qu'il serait tué par la *fi'a al-bâghiya*, c'est-à-dire par les troupes de Mu'âwiya. Mais 'Alî avait aussi consenti à un arbitrage afin que la paix fût rétablie. La paix qui s'ensuivait n'était pas tout à fait la paix qu'il avait voulue, et finalement c'était Mu'âwiya qui l'avait emporté. Cependant, aux yeux de la majorité, 'Alî avait pris une bonne décision ; à la longue, son prestige religieux restait plus élevé que celui de Mu'âwiya, même chez les sunnites.

Pour la discussion théologique, les *bughât* par excellence étaient les khârijites. Ils avaient été également réprimés par 'Alî, mais ils s'étaient insurgés de nouveau après sa mort et avaient semé la terreur par leur fanatisme et leur brutalité. Pour la bourgeoisie des villes irakiennes, ils étaient des extrémistes que le gouvernement combattait avec raison. Les limites entre la résistance et le terrorisme s'effaçaient de plus en plus. Al-Asamm, mu'tazilite basrien du IIe siècle, avait pu enseigner encore que le souverain ne peut exiger la loyauté de ses sujets contre les *ahl al-baghy* que s'il est lui-même « juste » ; les *ahl al-baghy* ne pouvaient être contrecarrés que par les *ahl al-'adl*. Toujours est-il que le verset de la sourate al-Hujurât se termine par la phrase : « établissez la concorde entre eux, avec justice, et soyez équitables ! Allah aime ceux qui pratiquent l'équité », *fa-aslihû baynahumâ bil-'adl wa-aqsitû. Inna llâha yuhibbu 'l-muqsitîna* (XLIX :9). Mais dans le *Fiqh absat*, traité murji'ite écrit par un juriste hanafite d'Iran, à Balkh, le dilemme est tranché d'une tout autre manière : les sujets sont tenus de persévérer dans leur loyauté envers le gouvernement, même au cas où celui-ci commet des injustices contre les *ahl al-baghy*. 'Abdallâh b. al-Mubârak (mort en 797) définit les *ahl al-sunna* – il est un des premiers à utiliser le terme de manière technique – comme ceux qui rejettent l'insurrection dans tous les cas et qui font la prière derrière le représentant du calife, qu'il soit pieux ou non. Les juristes ne s'occupaient plus de la question de savoir qui était, dans un cas particulier, la *fi'a al-bâghiya* ; les *bughât* étaient simplement les rebelles. Le gouvernement avait le monopole du pouvoir.

Tout cela équivaut à dire que la base théorique d'un droit de résistance était assez mince. Certes, il y avait le hadîth : « Pas d'obéissance à un être créé à l'égard du péché ! », *lâ tâ'ata li-makhlûqin fî ma'siyati l-khâliq*. Mais déjà Ibn al-Muqaffa', dans sa *Risâla fî 'l-sahâba*, avertit le calife contre la fausse exégèse qui y était appliquée. Les qadarites s'étaient servis de ce dit du Prophète ; leur propagande l'avait fixé dans la mémoire collective. Car les Omeyyades avaient prétendu que leur pouvoir gouvernemental avait été un don de Dieu, un *rizq*, prédéterminé et irréversible, et les qadarites avaient protesté en disant que le pouvoir ne vaut rien tant que l'on ne s'en montre pas digne. Leur attitude était noble et justifiable ; mais elle était liée à l'hérésie du libre arbitre. Même les fondamentalistes militants d'aujourd'hui préfèrent définir leur résistance contre l'État comme une résistance contre les infidèles. Pour eux, ce n'est pas une rébellion intracommunautaire, une rébellion de musulmans contre d'autres musulmans, mais une guerre, un *jihâd* contre les *kuffâr*, contre des infidèles qui prétendent seulement être des musulmans. On ne fait pas la guerre contre ses propres coreligionnaires [15].

V

Or, le pouvoir provenait finalement de Dieu et non pas du souverain. Le Coran n'avait pas privilégié le Prophète comme chef de la communauté ; Dieu s'était adressé par son intermédiaire aux croyants en tant que tels. Pendant un siècle, les monnaies, symbole le plus visible du pouvoir, ne portaient pas le nom du calife. Jusqu'à l'époque du calife abbasside al-Mahdî, on n'y lisait que des formules religieuses. Il est vrai que les poètes avaient tendance à s'adresser aux califes comme *khalîfat Allâh*, « vicaire de Dieu » ; mais les théologiens insistaient en général sur le fait qu'il n'était que le *khalîfat rasûl Allâh*, le successeur du Prophète dans son autorité terrestre. C'est cette prépondérance de la communauté qui portait les théologiens et juristes sunnites, y compris beaucoup de muʿtazilites, à préconiser le modèle électif même si la réalité politique n'y était pas directement favorable.

On pense peut-être qu'ils débattaient beaucoup de la concertation, la *chûrâ*, dans ce contexte. Mais ce n'est pas le cas ; on ne doit pas se laisser abuser par les préoccupations modernes. Certes, le principe de la concertation, la *chûrâ*, continuait de

15. TG IV, p. 703-706.

jouer un certain rôle, mais dans certaines conditions. La *chûrâ* n'était pas une « élection », mais une « consultation » ; pris dans ce sens, le terme pouvait même devenir un postulat révolutionnaire. Les opposants à Walîd b. Yazîd, c'est-à-dire les qadarites qui soutenaient Yazîd b. al-Walîd, avaient utilisé le terme pour justifier leur cause [16], et Jahm b. Safwân, le théologien iranien, l'avait lancé, à la fin du régime omeyyade, contre Nasr b. Sayyâr, le gouverneur de Hichâm b. Abdelmalik [17]. Eux tous, d'ailleurs, ne voulaient pas seulement la participation au pouvoir, mais le pouvoir lui-même. Bien que mentionnée dans le Coran, la *chûrâ* ne tirait pas son origine du Texte sacré ; c'était plutôt un héritage de la société tribale, et elle était toujours pratiquée de manière oligarchique. Pour cette raison, le mu'tazilite al-Asamm, qui avait au fond beaucoup de sympathie pour la manière dont la procédure avait été appliquée par 'Umar, ne la trouvait pas satisfaisante à son époque. C'était sous les Abbassides, et il exigeait plutôt l'accord unanime de tous les musulmans, un véritable *ijmâ'*, pour justifier la nomination d'un calife [18]. Nous ne sommes pas sûrs qu'il crût que cet *ijmâ'* fût réalisé à son époque. Mais nous savons qu'il considérait cet accord unanime, une fois établi, comme irrévocable. La *chûrâ*, au contraire, pouvait, en principe, être toujours remplacée par une autre consultation. Dans son discours d'intronisation, Yazîd b. al-Walîd avait promis aux qadarites de Damas qui l'avaient élu qu'il allait démissionner s'il ne les satisfaisait plus [19]. Heureusement, il mourut avant que cette occasion se présentât. Mais avec son califat débuta la troisième guerre civile qui aboutit à la révolution abbasside.

---

16. TG I, p. 87.

17. TG II, p. 493. Jahm était partisan de Hârith b. Suraij qui s'était élevé, sous la devise de l'*irjâ'*, contre le régime omeyyade.

18. TG II, p. 408 s.

19. TG I, p. 86-88.

Les Abbassides en tirèrent les conséquences ; la concession faite par Yazîd b. al-Walîd ne fut jamais énoncée par eux. Al-Asamm qui formula sa doctrine à l'époque de Hârûn al-Rachîd le fit dans un contexte tout à fait différent. Car les premiers Abbassides définissaient leur légitimité par un vocabulaire chiite, fait qui n'a rien de surprenant si nous nous rappelons que c'était l'alliance avec les chiites qui avait facilité leur révolution et garanti son succès. À l'égal des chiites ils pensaient en termes d'héritage, et ils s'y sentaient autorisés parce qu'ils étaient des gens de la maison (*i.e.* de la famille du Prophète), *ahl al-bayt,* comme eux. Ils avaient même un avantage sur 'Alî ; 'Abbâs avait été l'oncle du Prophète tandis que 'Alî ne devait sa légitimité qu'à son épouse. Cette particularité leur fut opportune lorsque l'alliance se brisa, avec l'insurrection d'al-Nafs al-Zakiyya sous al-Mansûr. Ils pouvaient dire alors que, selon la loi divine, l'oncle avait plus de droit à l'héritage que la fille quand il n'y a pas de fils. Juridiquement parlant, la théorie était ingénieuse ; les chiites avaient quelque difficulté à la réfuter, aussi finirent-ils par changer tout leur système légal, en privilégiant dans leur droit de succession les femmes bien plus que les sunnites le firent. En dépit de cela, les Abbassides abandonnèrent la théorie assez tôt, sous Hârûn al-Rachîd. L'avènement des Barmakides aboutit à un changement de stratégie. Les chiites avait été vaincus sur le champ de bataille et ils cessèrent de constituer un danger immédiat. Compte tenu de cette situation, la raison d'État dictait un rapprochement avec ceux qui formaient la majorité de la population, non seulement en Irak mais partout dans l'empire : les sunnites. Les juristes étaient donc libres de revenir sur le modèle électif. Mais selon la logique de leur pensée, ils continuèrent à entendre l'élection principalement comme une qualité et non pas comme un acte. Au lieu de se poser la question de savoir qui allait élire le calife, ils se demandèrent qui des candidats était éligible.

La majorité disait : « ils sont de Quraych » *(al-a'imma min Quraych)*[20]. Abû Yûsuf était de cet avis. C'était le juriste le plus éminent de la cour de Hârûn al-Rachîd, premier juge suprême, *qâdî l-qudât*, que nous connaissions. En soutenant cette thèse (dont il n'était pas l'auteur) il limitait le nombre de candidats, mais il le fit de manière réaliste. Le postulat qui accordait aux Quraych le privilège d'être les seuls parmi les Arabes à assumer le pouvoir avait été peut-être déjà utilisé au cours de la nomination d'Abû Bakr. De fait, tous les califes, aussi bien les Omeyyades que les Abbassides, appartenaient à cette tribu. Mais il y avait, en plus, un vote minoritaire, formulé par un contemporain d'Abû Yûsuf, Dirâr b. ʿAmr, un théologien muʿtazilite qui était lui-même juriste pratiquant. Il était *qâdî*, non pas à la cour ni dans la capitale, mais à Koufa, par conséquent parmi une population qui n'était pas, tant s'en faut, favorable au gouvernement. L'objection formulée par Dirâr contre le privilège des Quraych se basait sur l'observation qu'il était difficile de déposer le membre d'un clan puissant en cas d'irrégularités ou de plaintes. En disant cela Dirâr songeait à ʿUthmân et aux protestations dirigées contre lui à cause de ses *ahdâth*, ses « nouveautés ». Pour éviter une guerre civile, il valait mieux avoir un souverain qui ne venait pas d'une famille influente. Au fond, un Arabe n'avait pas plus de droit au califat qu'un *Nabatî*, c'est-à-dire un paysan de la campagne irakienne qui parlait l'araméen et ne faisait autre chose que labourer son champ et payer ses impôts[21]. Certes, personne ne pensait sérieusement à installer un calife nabatéen. L'idée était visiblement utopiste. Mais Dirâr n'était pas tout à fait isolé ; son idée fut reprise par Thumâma b. Achras et même, plus tard, par al-Jâhiz. Il avait eu des prédécesseurs, car parmi les qadarites

20. TG IV, p. 709 s.
21. TG III, p. 55-57.

irakiens à Basra, on avait déjà soumis les prérogatives des Quraych, tout en les acceptant en principe, à la condition qu'ils s'en rendent dignes par un comportement équitable et exemplaire. Cette relation avec le mouvement qadarite basrien qui, avec le personnage de ʿAmr b. ʿUbayd, formait une des racines du muʿtazilisme, nous explique pourquoi Dirâr admet, implicitement du moins, que le calife puisse être déposé par la communauté.

C'était de la théorie, comme je l'ai dit. Dirâr savait que pour les califes et les fonctionnaires du gouvernement, les *kuttâb*, l'affaire se présentait sous un autre jour, et il était prêt à s'y plier, n'étant aucunement rebelle. Au moment où il commençait à parler du présent, il changeait de registre. Le souverain garantit l'intégration et l'accord de la société, dit-il alors ; c'est pourquoi les sujets lui doivent obéissance [22]. Cet idéal du gouvernement bien intentionné, du souverain éclairé pour ainsi dire, fut apparemment élaboré surtout sous al-Ma'mûn. Les successeurs de Dirâr parmi les muʿtazilites, Abû l-Hudhayl et Nazzâm, semblent l'avoir énoncé avec des nuances nouvelles. Tout comme ses prédécesseurs, al-Ma'mûn se considérait comme l'héritier du Prophète. En outre, il aimait jouer le rôle du précepteur, du pasteur qui se soucie de son troupeau *(raʿiyya)*, à savoir la communauté des croyants. La *Risâlat al-Khamîs* parle de lui comme du guide du peuple, *imâm al-hudâ*, qui s'inspire des instructions divines. Le traité venait à propos. La *Risâla* fut composée en 198, donc peu après la mort de son frère al-Amîn, et elle fut rédigée au bureau d'al-Fadl b. Sahl qui était le vizir d'al-Ma'mûn à Marv, dans le Khorasan où le calife résidait en ces temps-là. Le souverain ne règne donc pas par la force ; il agit sur ses sujets grâce à son jugement supérieur. C'est justement sa

22. TG III, p. 55.

qualité de précepteur qui le place immédiatement derrière le Prophète, en position d'héritier pour ainsi dire. Il semble que les théologiens mu'tazilites qui élaboraient ces idées étaient influencés par la tradition iranienne. Éducation et exhortation se trouvent déjà, comme catégories centrales, chez Ibn al-Muqaffa' ; il les exprime dans sa *Risâla fî l-sahâba*. Et le *ta'dîb al-'âmma*, le devoir de conduire le peuple vers son salut, le *islâh*, comme on disait, joue un rôle dans les miroirs des princes qu'on avait traduits du persan. On pense notamment au Testament d'Ardachir, *'Ahd Ardachîr*, que choisit al-Ma'mûn comme texte de base pour l'éducation de son neveu al-Wâthiq[23].

La *mihna* montra bientôt combien il était facile d'abuser de cet idéal pour justifier la violence. Après l'expérience de l'inquisition et de la persécution, on reconnut plus clairement quelle avait été la prémisse qui formait la base de l'optimisme pédagogique : la conviction que l'homme de la rue ne peut pas décider de soi-même. Le peuple – les masses, comme nous dirions aujourd'hui – est rapace et ignorant, nous dit al-Jâhiz, c'est pourquoi il faut des prophètes et des gouvernants. Ou, pareillement, al-Qâsim b. Ibrâhîm, l'imam zaydite qui était à peu près contemporain d'al-Jâhiz : s'il arrive que les hommes n'exercent pas leur rage les uns contre les autres, ce n'est pas parce qu'ils se contiennent eux-mêmes mais parce que Dieu dans sa sagesse ne les laisse jamais sans précepteur. Bichr b. al-Mu'tamir les compare à des loups qui sont toujours à la recherche de leur avantage ; nous sommes très proches du thème de *homo homini lupus* que nous connaissons par Hobbes. Chez Bichr, le pessimisme s'explique par des expériences personnelles. Il avait essayé d'introduire la doctrine mu'tazilite dans les cercles des gens ordinaires. Il avait voulu évangéliser ceux-ci, surtout avec des poèmes populaires, et

23. TG IV, p. 711.

son auditoire n'avait pas entendu la chose de cette oreille[24]. Il était donc déçu. Les mu'tazilites pensaient avoir une mission civilisatrice ; ils se sentaient obligés de combattre le *taqlîd* des masses, et comme beaucoup d'autres ils échouaient. Ils avaient projeté leur idéal sur les califes, et les califes n'avaient pas réussi non plus à le réaliser. Tous deux, califes et théologiens de cour, sentirent bientôt l'effet du désenchantement. « Cent ans de tyrannie sont meilleurs qu'un jour de guerre civile » : c'était la seule leçon positive que les masses pouvaient tirer de tous ces efforts d'éducation. La maxime est évoquée par Ya'qûbî, auteur chiite qui s'accommodait d'un régime sunnite opposé à ses convictions.

VI

En effet, le fossé entre le gouvernement et les masses s'élargit. Au lieu de lever les yeux vers la cour, les gens ordinaires se fiaient de plus en plus à ceux qui leur avaient toujours prodigué le conseil dont ils avaient besoin dans leurs affaires quotidiennes, les *'ulamâ'*. Al-Ma'mûn a été, à ce qu'il semble, le dernier souverain musulman de l'époque classique à avoir essayé de former la société selon ses propres idées. Après lui, le gouvernement ne se sent plus sûr de sa compétence, et si, dans les générations postérieures, des califes tels que al-Qâdir, par exemple, ou, plus tard, al-Nâsir, en prirent l'initiative, ils ne purent le faire qu'avec l'appui des juristes. Cela n'empêchait personne de reconnaître l'autorité du gouvernement en tant que telle. En général, on l'acceptait comme une donnée naturelle ou comme une institution voulue par Dieu. Même les chiites se décidèrent à collaborer ou

24. TG III, p. 109-112.

sinon à pratiquer une attitude quiétiste. Mais il y avait toujours eu aussi – à l'extrême gauche du spectre doctrinaire, pour ainsi dire – l'idée que le calife n'est pas nécessaire du tout parce que le peuple peut se gouverner lui-même.

Cela avait été, au début, surtout l'attitude des khârijites. Mais l'idée ne resta pas confinée à la périphérie. À la fin du IIe siècle, elle accapara le centre de la communauté, à la suite du conflit qui opposa al-Amîn et al-Ma'mûn. Durant les troubles qui éclatèrent à Bagdad après la mort d'al-Amîn au temps où al-Ma'mûn se trouvait encore à Marv, la population de la capitale avait été obligée de s'organiser elle-même ; on avait même formé sous l'ordre d'un certain Sahl b. Salâma une armée privée, sorte de milice bourgeoise payée surtout par les marchands qui étaient toujours les premières victimes de pillages. Sahl b. Salâma semble avoir été lié aux mu'tazilites[25]. En effet, le modèle théorique correspondant à pareille réalité fut présenté par des théologiens de tendance mu'tazilite. Utopiquement, une communauté acéphale, un islam sans calife, pouvait toujours être imaginée, mais l'utopie gagnait en force au moment où la déception suscitée par les réalités se répandait. Après la chute des Omeyyades, les Abbassides avaient prétendu initier une ère nouvelle par une *dawla*, un tournant, une *révolution* au sens original du terme. Mais à la longue on pouvait se demander s'ils avaient vraiment réussi. Dirâr avait déjà joué avec l'idée de remplacer le calife des Quraych par un candidat plus faible. Or d'aucuns parmi ses collègues élaboraient des modèles encore plus radicaux. La thèse était alors que la communauté n'a pas besoin du tout d'un chef, d'un imam, sauf en cas d'urgence, pendant une guerre par exemple. Au fond, elle peut se passer de lui. Les croyants doivent seulement s'en tenir au Coran. L'Écriture offre

25. *Ibid.*, p. 173-175.

suffisamment d'instruction pour construire une société rigoureuse. Cette position a des accents fondamentalistes ; elle implique que la communauté, les croyants sont capables d'interpréter le Coran et que tous le feront de la même manière. Mais cette idée fut formulée par un théologien qui cherchait à établir le contact avec la cour d'al-Ma'mûn, al-Nazzâm[26]. Il semble donc qu'il ait espéré que la communauté confère le pouvoir à ceux qui savent interpréter l'Écriture, c'est-à-dire aux *'ulamâ'*.

D'ailleurs, il n'était pas le premier à proposer cette idée, et ce n'étaient pas seulement les ambitions grandissantes de sa profession qui l'y poussaient. Certes, il serait un peu audacieux de soutenir qu'il s'était inspiré encore d'un modèle tribal où le cheikh est le *primus inter pares*, le premier entre ses égaux ; si quelqu'un dans la société bagdadienne de ce temps représente le type du bourgeois et de l'intellectuel urbain, c'est bien al-Nazzâm. Mais le modèle avait trouvé des appuis parmi les khârijites. Les partisans de Najda b. 'Âmir avaient cru que la communauté n'avait pas besoin d'un imam, pourvu qu'elle suive les commandements du Coran. En Irak, c'était l'Ibâdiyya à Basra qui, avec son sénat, la *jamâ'at al-muslimîn*, montrait comment un empire commercial pouvait être géré par un groupe de notables qui étaient des marchands et des savants à la fois. La source immédiate qui avait inspiré al-Nazzâm semble pourtant avoir été un mu'tazilite qui vivait à Basra, al-Asamm, lequel avait exigé, comme nous l'avons vu, que le souverain soit soutenu par le consensus, l'*ijmâ'*, de toute la communauté. Il avait ajouté qu'à la rigueur – et au moment où cet accord unanime ne peut pas être atteint – l'*umma* peut se passer totalement d'un chef commun[27].

26. *Ibid.*, p. 416.
27. TG II, p. 408 s., et IV, p. 714 s.

Al-Asamm aussi avait déjà reconnu que ce modèle, un modèle presbytérien pour ainsi dire, convenait à des communautés locales et restreintes plutôt qu'à un empire comme celui des Abbassides. Mais la conclusion qu'il en tirait était caractéristique : il recommandait la décentralisation. Il le fit peut-être parce qu'il avait été témoin du partage de l'empire sous Hârûn al-Rachîd ; on avait certainement discuté la décision du calife. Les conséquences néfastes d'une telle politique, à savoir la guerre civile entre al-Amîn et al-Ma'mûn, n'apparurent qu'au moment où al-Asamm avait déjà terminé sa carrière et était près de la mort. Un siècle avant, le juriste médinois Sa'îd b. al-Musayyab s'était encore refusé à rendre la *bay'a* à deux fils de 'Abd al-Malik, et cela du vivant de leur père. Nazzâm, lui, est postérieur à al-Asamm d'une génération ; il eut donc l'expérience des troubles et de l'anarchie qui éclatèrent à Bagdad après le meurtre d'al-Amîn. Pendant ces années, les juristes rendirent la justice sans être officiellement légitimés par l'État ; de fait, on vivait alors dans une société sans calife.

Cette situation extraordinaire, l'anarchie organisée pour ainsi dire, ne dura pas longtemps. Les juristes ont apparemment justifié leurs décisions indépendantes comme l'application du « Commandement du Bien » ; al-Ma'mûn mit fin à ce développement après sa rentrée à Bagdad en 204[28]. Au fond, il avait beaucoup de respect pour les savants ; il les invitait à sa cour, et il aimait discuter avec eux[29]. Mais il ne leur accordait pas de rôle particulier dans les affaires gouvernementales. Pendant la *mihna* ils étaient forcés de suivre ses directives. Il se peut qu'à un certain moment al-Wâthiq leur accordât le rôle de facteur d'ordre qu'ils désiraient. Il aurait proposé, comme nous racontent les sources

28. TG II, p. 388 et III, p. 174.
29. TG III, p. 199 s.

mu'tazilites, d'adjoindre des conseillers religieux à ses fonctionnaires, surtout à ceux qui s'occupaient des impôts ; il aurait donc essayé de faire coopérer les *kuttâb* et les *'ulamâ'*[30]. Si ce n'est pas une légende, c'était certainement un désir vain. Avec le temps, même les mu'tazilites prenaient leur distance envers le gouvernement. Le vent avait tourné, et l'élément ascétique qui avait accompagné leur pensée depuis le début se raffermit.

Cette tendance atteignit son comble avec un groupe qui est appelé, dans une de nos sources, les *sûfiyyat al-mu'tazila*[31]. Ils ne rejetaient pas seulement l'État au sens de gouvernement central, il rejetaient le « monde », c'est-à-dire le commerce et toute sorte d'activité profitable. Le couple du pouvoir et de l'argent leur était suspect. Il s'agissait d'un mouvement urbain. Quand ces soufis mu'tazilites parlaient de profit, ils songeaient aux marchands et aux commerçants, peut-être aussi aux artisans, mais pas aux paysans. Satan plante sa bannière sur les marchés, disait un hadîth. Dès lors, le calife n'était pas seulement réduit au rôle de quelqu'un qui ne fait rien d'autre qu'établir l'ordre ; l'ordre comme tel était corrompu. Le *dâr al-islâm* n'était plus un monde sain et intact ; les mœurs avait tellement changé que l'on ne pouvait l'appeler que *dâr al-kufr* ou *dâr al-fisq*. Le pouvoir n'était que le fruit d'une usurpation.

Au début, les soufis n'avaient probablement obéi qu'à leur *wara'*, leur crainte de s'occuper des choses impures et douteuses. L'État, *al-sultân*, était compté parmi les *chubuhât*, les choses suspectes. On n'acceptait pas de salaire de la part du gouvernement ; on ne le servait pas comme soldat ; on s'abstenait même de consommer une nourriture provenant des domaines princiers ou de fréquenter un bain bâti avec de l'argent gouvernemental

30. TG IV, p. 46.
31. TG III, p. 130-133 et IV, p. 88-94.

sur un terrain usurpé[32]. Ceux qui ressentaient de tels scrupules n'étaient pas nécessairement des mu'tazilites. Bien au contraire : Ibn Hanbal nous raconte des histoires semblables dans son *K. al-Wara'*, ou Muhâsibî dans son *K. al-Makâsib*. Mais on ne peut pas dire non plus que les mu'tazilites demeuraient à l'écart de ces courants ascétiques. Ils n'étaient pas des rationalistes indifférents tels que nous les imaginons. Ja'far b. Harb, mu'tazilite bagdadien qui avait servi dans l'armée, subit une crise spirituelle et alla se purifier dans le Tigre. Puis il se revêtit de nouveaux habits qu'il avait reçus de celui qui l'avait converti à sa nouvelle vie, Murdâr, mu'tazilite lui aussi. Il refusa l'héritage de son père parce que celui-ci avait été fonctionnaire[33]. Après l'échec de la *mihna*, et dès l'époque d'al-Mutawakkil, les mu'tazilites durent, en outre, s'accoutumer à voir le gouvernement pactiser avec les forces non mu'tazilites, donc avec des hérétiques suivant leur opinion. Bagdad et l'Égypte étaient devenues, comme disait al-Jubbâ'î à la fin du IIIe siècle, une terre d'hérésie, *dâr kufr*, parce que l'on ne peut pas y vivre sans professer l'éternité du Coran et le déterminisme ; lui-même avait quitté la capitale et l'Irak pour vivre en Iran, à 'Askar Mukram où la majorité de la population suivait encore sa doctrine.

Je m'arrête ici. L'attitude des *sûfiyyat al-Mu'tazila* était sans avenir. Le refus radical menait à une impasse, et en Irak le mu'tazilisme cessa généralement d'exercer une influence consistante. La majorité des musulmans convenait que le gouvernement *(al-imâm)*, en dépit de son imperfection, était indispensable au fonctionnement de la société. À la longue, le refus absolu ne fut pratiqué que par les derviches ambulants, les qalandar[34].

32. TG IV, p. 716.

33. *Ibid.*, p. 69 s.

34. Pour eux, cf. maintenant A. T. KARAMUSTAFA, *God's Unruly Friends*, Salt Lake City, 1994.

En ce qui concerne la théorie, les théologiens perdirent bientôt l'initiative au profit des philosophes ; des penseurs comme Fârâbî introduisaient des modèles complètement nouveaux. Et avec le temps, les nouveaux modèles furent confrontés avec de nouvelles expériences : l'affaiblissement du califat par les Bouyides et les Seldjoukides, fait qui ne pouvait être expliqué que par un modèle dualiste où autorité et pouvoir étaient soigneusement distingués ; l'anéantissement du califat même, sous les Mongols, la première période où, dans l'Est, la domination était arrachée totalement des mains des musulmans ; et enfin les régimes militaires de l'époque mamelouke. Il est facile de voir que presque tous ces modèles trouvent, d'une manière ou d'une autre, des parallèles dans le monde contemporain. Mais ce n'est pas ici mon sujet. Ce qui est caractéristique est que, même aujourd'hui, quand on conçoit des espérances, on s'oriente vers le passé, comme l'avaient fait déjà les premiers théologiens mu'tazilites. L'islam a commencé avec un grand succès politique, et il reste lié à ce succès pour toujours.

5.

La théologie et ses principes : herméneutique et épistémologie

I

La relation entre la foi et la connaissance, leur contradiction ont toujours préoccupé le christianisme. On croit à des choses que l'on ne peut pas prouver. «*Credibile est quia ineptum est*», disait Tertullien au sujet de l'incarnation : elle est crédible parce qu'elle est insensée. Il ajoute en renouvelant son affirmation : *« certum est quia impossible »*, « elle est certaine parce qu'elle est impossible [1] ». Certes, il faut prendre en considération le fait que le père de l'Église romaine était rhétoricien et non pas philosophe. En fait, le fameux *credo quia absurdum* n'apparaît pas dans les sources avant Kierkegaard ; ce n'est qu'avec lui que vient ce culte de l'inconnaissable qui fut repris par l'existentialisme et par Albert Camus[2]. Mais il est certain qu'au sujet de l'incarnation, les musulmans gardaient l'impression que leurs frères chrétiens s'obstinaient dans l'illusion. Le christianisme parle de « mystères »

1. Voir plus haut, p. 52.

2. Cf. G. SÖHNGEN dans *Lexikon für Theologie und Kirch*, 1-11, Fribourg, 1957-1967, III, 89. Une évaluation théologique est donnée par H. SCHÜTZEICHEL, « Credo quia absurdum est ? », *Trierer Theologische Zeitschrift*, 84, 1975, p. 156 s.

de la foi ; l'islam, lui, ne connaît rien de tel. Pour saint Paul, la raison appartient au domaine de la « chair » ; pour les musulmans, la raison, *'aql*, a toujours été la faculté principale accordée à l'homme par Dieu. Certes, il ne s'agit pas de la raison indépendante du siècle des Lumières, mais plutôt d'une intelligence assujettie à la volonté de Dieu et au système d'ordre établi par Lui. Mais ce don divin fut accepté et apprécié partout, même chez les ascètes et les mystiques. Al-Hârith al-Muhâsibî, qui nous en fournit une des premières définitions[3], base là-dessus son analyse psychologique qui a retenu l'admiration des soufis jusqu'à nos jours[4]. On ne débattait que sur l'application ; Muhâsibî n'aimait pas les disputations *(munâzarât)*, pour les mu'tazilites celles-ci étaient, au contraire, le moteur de leurs activités.

Il faut reconnaître qu'il y avait des théologiens qui doutaient de la validité des méthodes appliquées par la raison. Parfois, ils allaient jusqu'à cultiver une sorte d'irrationalisme. Ceux d'entre eux qui sont les premiers recensés dans nos sources étaient des soufis, mais aussi – et cela est surprenant – des mu'tazilites. Ils appartenaient aux *sûfiyyat al-mu'tazila* que nous avons mentionnés plus haut[5], et leur critique sociale s'adressait aux théologiens mêmes, à leur arrogance intellectuelle qui ignorait le fait qu'au fond toutes les spéculations théologiques ne s'élevaient pas au-dessus de la simple foi des masses. Comment sait-on ce que l'on sait ? disaient-ils, surtout eu égard au fait que souvent les arguments pour et contre une certaine affirmation se contredisent. Toutes les preuves ont la même valeur – la fameuse équivalence des preuves *(takâfu' al-adilla)* dont parle encore, avec quelque sympathie, Abu Hayyân al-Tawhîdî. Le terme et avec lui la pratique semblent avoir leur origine dans l'*isosthéneia tôn lógôn*

3. TG IV, p. 205 s.
4. *Ibid.*, p. 198.
5. P. 125.

du scepticisme grec[6], et l'apogée de la tendance est marquée par la figure de l'« archihérétique » Ibn al-Râwandî[7]. Mais cette vague d'anti-intellectualisme n'était pas représentative. Les *sufiyyat al-mu'tazila* disparurent sans laisser de traces, et Ibn al-Râwandi, malgré la réfutation emphatique dont il fut l'objet pendant quelques générations, n'a pas exercé d'influence. Au fond, on était en possession de ses méthodes, et l'on s'y fiait.

II

Les mu'tazilites étaient convaincus que Wâsil b. 'Atâ' avait déjà élaboré un petit « discours de la méthode » dont le résumé, quelques phrases seulement, fut conservé par le Qâdî 'Abd al-Jabbâr et, avec quelques variantes, par son contemporain Abû Hilâl al-'Askarî[8] dans son *Kitâb al-Awâ'il*. Nous ne pouvons pas exclure que le texte est une fiction, à savoir une projection dérivée d'une position postérieure, et à certains endroits il semble avoir été remanié[9], mais ce sont ces remaniements eux-mêmes qui nous incitent à penser qu'au fond, comme noyau d'une discussion menée au début de la théologie musulmane, il est authentique. Wâsil commence avec le critère de vérité. La vérité est d'abord véracité. Elle se présente sous la forme de propositions auxquelles on doit accorder confiance. Toute proposition mérite cette confiance lorsqu'elle est prononcée par plusieurs personnes qui n'auraient pas pu d'avance se mettre d'accord dessus. Après, on est obligé de peser le contenu de la phrase

6. TG IV, p. 92 s. ; cf. mon article « Skepticism in Islamic Thought », *Al-Abhath*, 21, 1968, 1 s.

7. TG IV, p. 295 s.

8. De 'Askar Mukram où il y avait beaucoup de mu'tazilites.

9. Traduction en allemand et commentaire dans TG V, p. 161 s.

reconnue comme vraie ; car elle peut être soit générale, soit particulière. Cette distinction était dérivée de l'exégèse juridique du Coran, par conséquent d'un texte pour lequel la question de la confiance ne se posait pas, du moins pas pour un musulman. C'est pour cela que Wâsil ajoute une remarque sur l'abrogation *(naskh)*, procédure qui, à cette époque, ne pouvait concerner que l'Écriture ; notre texte la définit de la façon qui désormais irait de soi et qui avait peut-être été déjà en usage auparavant, à savoir que ne peuvent être annulés que les versets à caractère juridique, à la différence de ceux qui parlent de l'au-delà ou du passé historique [10]. Or, le passage de ce texte qui sera le plus important pour l'avenir vient à la fin : une brève énumération des sources de la connaissance. Parmi celles-ci, Wâsil nomme d'abord le Coran, dans la mesure où il est clair *(muhkam)* et non équivoque *(mutachâbih*, cf. sourate III, 7). Ensuite, les propositions ou traditions *(akhbâr)* qui, selon le critère mentionné plus haut, ont valeur d'argument. Et enfin la raison « saine », à savoir les jugements qui ne se fondent pas simplement sur quelque chose qui est donné d'avance mais qui est obtenu indépendamment, par une réflexion personnelle. Wâsil dit seulement : *bi-'aql salîm* ; il ne spécifie la procédure ni par « raisonnement », « réflexion », *nazar* (ce qu'auraient dit les théologiens postérieurs), ni par *ijtihâd* (ce qu'auraient dit les juristes). Dans l'énumération telle que nous l'avons sous les yeux aujourd'hui, ces deux domaines ne sont pas encore séparés.

La liste – si elle est vraiment aussi ancienne – a influencé à la fois les théologiens et les juristes. Parmi les mu'tazilites, c'est par exemple Jâhiz qui la reprend en la reformulant [11] ; parmi les juristes, Châfi'î est notre meilleur témoin. Certes, il ne cite jamais Wâsil ; mais au moment où il vint à Bagdad pour y faire

10. Cf. TG I, p. 34 s.
11. Cf. la citation dans TG V, p. 163.

carrière, il ne pouvait plus ignorer les mu'tazilites, les *ahl al-kalâm*, comme il les appelle dans ses traités. Le disciple principal qu'il avait gagné dans la capitale, Abû 'Abd al-Rahmân al-Châfi'î, était élève d'Abû l-Hudhayl et suivait la doctrine mu'tazilite ; comme employé d'Ibn Abî Duwâd, il a joué un rôle actif dans l'inquisition, la *mihna*[12]. Nous ne pouvons pas ignorer Châfi'î parce que la liste marque l'origine du concept des *usûl al-fiqh* (les fondements de la jurisprudence) dont il est généralement considéré comme l'initiateur. Ce que Wâsil et Châfi'î ont en commun est qu'ils négligent le concensus, l'*ijmâ'*[13], et le point où Châfi'î se sépare de son prédécesseur est la définition du *khabar*. Pour Wâsil, *khabar* désigne chaque proposition reçue d'un autre[14] tandis que Châfi'î, comme juriste, s'intéresse au *khabar* seulement en tant que *hadîth* et *sunna*. Plus tard, Jâhiz maintiendra une position moyenne entre les deux. Il sait que le hadîth est indispensable pour les juristes, mais en tant que mu'tazilite il ne l'aime pas. Au lieu de *khabar* qui, entre-temps, était devenu trop ambigu, il parle de la « sunna admise par tous », *al-sunna al-mujma'alayhâ*. Tout en introduisant l'*ijmâ'* avec cette expression, il ne le fait que verbalement, sans lui accorder le statut de notion indépendante.

12. TG III, p. 292 s.

13. Jusqu'à maintenant, on a tendance à lire Châfi'î avec les yeux des théoriciens postérieurs de son école qui projettent leur schéma quadripartite sur sa *Risâla* (Épître). Mais l'étude récente de J. E. LOWRY (*The Legal-Theoretical Content of the « Risala » of Muhammad b. Idris al-Shafi'i* ; thèse, University of Pennsylvania, 1999) a bien montré que le concept de *bayân* qui domine la pensée de Châfi'î tourne essentiellement autour des interférences entre le Coran et la *sunna*. Pour l'*ijmâ'*, cf. *ibid.*, p. 43 s. et 426 s.

14. TG II, p. 279 s. et IV, p. 649 s.

III

Finalement, la théologie a utilisé d'autres critères [15]. Le Coran n'en a jamais constitué la preuve centrale. On vivait dans une société pluraliste, et les non-musulmans ne pouvaient pas être persuadés par des citations tirées de la révélation coranique. La théologie avait, entre autres, une tâche apologétique [16], et celle-ci ne pouvait être remplie que par la raison. Mais on savait bien comment traiter le Coran, comment lui appliquer l'herméneutique du commentaire *(tafsîr)*. Plusieurs théologiens mu'tazilites ont écrit des commentaires du Livre saint, surtout ceux de la génération antérieure à al-Ach'arî : Jubbâ'i [17] et Abû 'l-Qâsim al-Balkhî [18] ou son contemporain Abû Muslim al-Isfahânî [19], mais aussi déjà al-Asamm [20] et même, avant lui, 'Amr b. 'Ubayd qui rédigea les cours exégétiques de Hasan al-Basrî [21]. Dès le début, la méthode était réaliste, sobre, entièrement exempte de l'allégorisme fantaisiste d'un Origène. On voulait reconstruire la situation historique de la révélation, les *asbâb al-nuzûl*, ou se rendre compte des implications exactes d'une règle tirée de la Loi. L'approche pratique s'explique, d'une part, par le désir d'organiser toute une société complexe selon les commandements de Dieu et, d'autre part, par le fait qu'on n'avait qu'une seule Écri-

15. Voir plus loin, p. 149 s.

16. Voir plus haut, p. 12.

17. D. Gimaret, *Une lecture mu'tazilite du Coran. Le Tafsir d'Abu 'Ali al-Djubba'i (m. 303/915) partiellement reconstitué à partir de ses citateurs*, Louvain/Paris, 1994.

18. Mort en 319/931 ; cf. *Encyclopaedia Iranica*, I, 360b, s. v. « Abu'l-Qasem Ka'bi ».

19. Mort en 322/934, cf. EIran, I, 430 s.

20. TG II, p. 403 s.

21. *Ibid.*, p. 298 s.

ture et pas deux comme les chrétiens. Les Pères de l'Église furent toujours confrontés au problème d'assujettir l'Ancien Testament aux exigences du Nouveau. Les musulmans, au contraire, tout en respectant la Bible, ne la lisaient pas ; elle était « abrogée » et réservée aux « gens du Livre », c'est-à-dire à ceux qui ne voulaient pas se convertir à la nouvelle version apportée par le Prophète.

On disposait de deux mots pour dire ce que l'on faisait : *tafsîr* et *ta'wîl.* Tous les deux se trouvaient dans le Coran [22] ; l'Écriture avait réfléchi sur elle-même. Le métalangage coranique était possible parce que la communauté connaissait la procédure à partir du passé ; *tafsîr* était dérivé de l'araméen *pichrâ* [23] et de l'hébreu *pêcher* [24]. Le cas de *ta'wîl* était différent : le mot était d'origine arabe, mais il était délimité par son contexte coranique. La phrase de la sourate III, 7 où la notion est développée dit que « personne ne connaît son exégèse sinon Dieu », à savoir l'exégèse des passages ambigus et compliqués *(mutachâbihât)* mentionnés avant – ce qui pouvait être entendu comme un avertissement : si un être humain s'essaie à leur interprétation, il tombera dans l'hérésie. De ce fait, le mot reçut une connotation négative : *ta'wîlât* = *bida'* (« innovations ») [25] ou *ahwâ'* (« aberrations », « caprices »). Mais ce ne fut pas toujours le cas ; Mâturîdî pouvait appeler son commentaire du Coran *Ta'wîlât ahl al-sunna* (les interprétations des gens de la *sunna*). À une époque postérieure, on associait l'interprétation avec les spéculations allégoriques de ceux qui, comme les ismaïliens, cherchaient dans le Coran un sens caché *(bâtin).* Les chiites avaient toujours éprouvé une

---

22. Sourate XXV, 33 et III, 7.

23. Daniel II, 7 et V, 12.

24. La deuxième forme qui apparaît en arabe *(fassara)* se trouve déjà en syriaque (BROCKELMANN, *Lexicon Syriacum,* 615 a).

25. Cf. plus haut, p. 39. Pour les citations, cf. TG IV, p. 984, index des termes s. v.

certaine prédilection pour les « secrets » exégétiques ; ils avaient été maltraités par la réalité historique et cherchaient à justifier leurs utopies.

IV

Le hadîth était différent. Les muʿtazilites étaient scripturalistes, comme les khârijites ; à leur avis, les traditions du Prophète ne pouvaient apporter au Texte sacré que du chaos. Car le hadîth, la « Thora orale », *tôrâ chel be-pê* pour ainsi dire, n'était pas fixé canoniquement ; il faisait partie d'une tradition orale qui fourmillait de contradictions. Dirâr b. ʿAmr en a rassemblé des exemples éclatants [26], et après lui Nazzâm [27]. Ce n'est qu'Ibn Qutayba qui réussit à les harmoniser dans son « Traité des divergences du hadîth » *(Ta'wîl mukhtalif al-hadîth)*. À l'opposé du Coran, le hadîth souffrait toujours d'un manque de fiabilité. Il est vrai qu'ultérieurement la « tradition du Prophète » *(sunnat al-nabî)* remporta un succès énorme, mais elle dut sa victoire à la pure nécessité et à son caractère incontournable. Les théologiens qui n'en avaient pas autant besoin que les juristes ne cessèrent pas d'exiger d'y appliquer les critères de vérité. Wâsil avait déjà demandé, comme nous l'avons vu, que les rapporteurs ne fussent pas susceptibles de s'être concertés. Abû l-Hudhayl avait instauré un postulat numérique : le nombre de témoins garantissait la certitude. La quantité se changeait ainsi en qualité. Mais il reconnaissait aussitôt l'insuffisance de cette règle : il fallait préciser le nombre, et personne ne pouvait le faire sans être contesté. La solution ne pouvait être que volontariste. Abû l-Hudhayl se

26. TG III, p. 51 s.

27. *Ibid.*, p. 384 ; cf. le texte que j'ai édité dans W. HOENERBACH (éd.), *Der Orient in der Forschung. Festschrift O. Spies*, Wiesbaden, 1967, p. 170 s.

décida pour un nombre de vingt personnes ; comme preuve, il alléga seulement un verset coranique qui parlait du *jihâd* plutôt que de la connaissance : « S'il se trouve parmi vous vingt qui montrent de la patience, ils en vaincront deux cents[28]. » Cette analogie était plus que faible, fondée sur une similitude arbitrairement choisie, un *qiyâs al-chabah*, comme auraient dit les juristes. Et surtout, un hadîth ne peut jamais être transmis par une multitude quelconque ; c'est un texte sacré, et il appartient à la tradition de l'*umma*. Les vingt personnes doivent donc être des musulmans, des « amis de Dieu » ou, comme Abû l-Hudhayl semble avoir dit, des « candidats au paradis » *(min ahl al-janna)*. Nous ne savons pas s'il pensait trouver ces « candidats » parmi ses propres contemporains ou dans la génération des Compagnons du Prophète ; nos sources sont trop vagues pour le déterminer. Mais le scepticisme profond de ses propos est évident. Il parlait de la certitude, et pour lui seules étaient certaines des vérités comme l'existence de Dieu, la prophétie, les expériences fournies par les sens. La simple parole ne pouvait jamais être capable d'y atteindre ; elle ne peut être que probable. Concernant cette probabilité, Abû l-Hudhayl était beaucoup plus généreux : quatre personnes suffisent. Car on se trouvait alors dans le domaine des juristes ; il pensa peut-être aux quatre témoins exigés dans le cas de l'adultère[29].

Les avocats du hadîth ne pouvaient pas se contenter de cet arrangement. Beaucoup de règles juridiques se fondaient sur un hadîth attesté par une seule chaîne de transmetteurs, un *khabar al-wâhid*. À la longue, ces hadîth uniques, *âhâd* comme on les

28. Sourate VIII, 65.

29. TG III, p. 266 s. et IV, p. 650 s. ; cf., généralement et aussi pour ce qui suit, mon article « L'autorité de la tradition prophétique dans la théologie mu'tazilite », *La Notion d'autorité au Moyen Âge. Islam, Byzance, Occident*, Paris, 1982, p. 211 s.

appelait, devinrent un problème. Le juriste ʿÎsâ b. Abân (m. 221/836), disciple de Chaybânî et homme influent à la cour de Hârûn al-Rachîd, semble avoir écrit la première monographie sur la question [30]. Châfiʿî les considéra comme indispensables ; il leur consacra un long chapitre de sa *Risâla* [31]. Mais même au regard des critères plus lâches d'un juriste, ils étaient difficiles à justifier ; pour être valable, un témoignage devait normalement être fourni par deux personnes au moins. Il fallut donc convenir d'un critère supplémentaire, l'intégrité du transmetteur, la *ʿadâla*. Les muʿtazilites avaient admis ce critère dès le début ; Wâsil en avait parlé [32]. Mais pour eux, c'était d'abord une catégorie de la vie active ; elle réglait la « cohabitation » des gens, dans la politique par exemple. Considérer quelqu'un comme intègre signifiait avoir confiance en lui. Cependant, si la confiance existait, le contrôle était meilleur. C'est ainsi que Nazzâm proposa, au lieu de la fiabilité du rapporteur, le contrôle par le contexte, par les faits concomitants *(qarâʾin)* qui viennent appuyer la véracité d'un rapport. Ce faisant, il pensait encore au sein du cadre établi par Wâsil, car les exemples qu'il donne concernent des informations actuelles, comme par exemple d'entendre parler de la mort d'un voisin et de voir au même moment un cercueil déposé devant sa maison [33]. Comme beaucoup d'autres, Nazzâm ne se donnait pas encore la peine de mettre la singularité du hadîth en relief. Dans ce domaine, le contexte n'était pas tellement important parce qu'il s'agissait de rapports qui s'échelonnaient dans l'histoire, par leur chaîne de transmission, leur *isnâd*. Ce n'est que Jâhiz, son disciple, qui y fixa son attention. En

30. TG III, p. 60 et IV, p. 652.

31. *Al-Risâla*, Le Caire, éd. Ahmad Muh. Shâkir, 1358/1940, p. 169 s., §§ 998-1308 ; cf. LOWRY, *The Legal-Theoretical…*, *op. cit.*, p. 261 s.

32. Voir plus haut, p. 106.

33. TG III, p. 383.

poursuivant la pensée de son maître, il ajouta que dans la tradition s'accumule l'expérience collective d'une communauté ; malheureusement, celle-ci se détériore par la transmission, et à la fin Dieu se voit obligé d'envoyer un nouveau messager[34].

Nazzâm était l'archétype du rationaliste. Ses réactions le montrent constamment : il ne croyait pas à l'existence des djinns, et il rejeta l'interprétation populaire des songes ou des augures[35]. Mais il fut aussi le premier à prouver la prophétie de Muhammad par les prédictions qui se trouvaient dans le Coran ; il s'imaginait que le Prophète était doué d'une connaissance miraculeuse de l'occulte et de l'avenir *(ghayb)*. Or, les événements que celui-ci avait prévus étaient attestés par des récits, soit historiques comme le triomphe éphémère des Byzantins sur les Sassanides auquel il est fait allusion dans la sourate XXX, 1-3, soit littéraires comme la lapidation des démons par des étoiles filantes (sourate LXVII, 5, XV, 16 s., etc.) pour laquelle on cherchait des preuves dans la poésie préislamique[36]. En entrouvrant la porte sur les miracles, il avait déclenché une avalanche ; la génération suivante des mu'tazilites dut s'occuper des récits innombrables sur ce sujet, des récits qui ne concernaient pas seulement les exploits de Muhammad mentionnés dans le texte sacré lui-même ; il y en avait beaucoup aussi dans la *Sîra* d'Ibn Ishâq et dans d'autres textes. 'Abbâd b. Sulaymân eut l'impression qu'il ne pouvait plus ignorer toute cette matière ; les miracles étaient devenus l'outil principal permettant de démontrer la véracité de Muhammad, comme ils l'avaient toujours été pour Jésus chez les chrétiens. 'Abbâd prétendit que ces événements qui surpassaient la capacité de la raison étaient vrais parce qu'ils furent parfois racontés par des gens qui étaient aussi irréprochables *(ma'sûm)* que le

34. TG IV, p. 113 s.
35. TG III, p. 306.
36. *Ibid.*, p. 410 s.

Prophète lui-même ; cet argument lui permit de reprendre avec plus d'assurance le postulat des gens du paradis, *ahl al-janna*, formulé par Abû l-Hudhayl[37]. Les personnes auxquelles il faisait allusion étaient probablement les Compagnons. Son maître Hichâm al-Fuwatî (qui avait été lui-même disciple d'Abû l-Hudhayl) avait fait, comme il a été mentionné[38], un pas important vers la canonisation des Compagnons, les *sahâba* ; il le fit dans la théorie politique mais en en prévoyant les conséquences pour la narration historique.

V

L'*ijmâ'* n'avait, au fond, qu'une relation marginale avec l'épistémologie. Sous son aspect épistémologique, Aristote l'avait compris dans la catégorie des *machhûrât* d'Avicenne, ces opinions « fameuses » ou bien connues qui sont acceptées par tout le monde[39]. En Islam, le concept appartenait, à l'origine, plutôt au champ de la politique. *L'ijmâ'* se rapprochait de la concertation, la *chûrâ*. Lorsque le calife 'Umar b. 'Abd al-'Azîz recommanda, selon un texte conservé dans les *Akhbâr al-qudât* de Wakî', à son gouverneur basrien 'Adî b. Artât de consulter des gens compétents et capables de discernement pour le cas où le Coran, la *sunna* et la pratique des califes n'offraient plus aucune solution, il ne parlait, en principe, que d'un consensus, *ijmâ'*, des savants locaux[40]. Déjà, à l'époque préislamique, le chef d'une tribu ne pouvait prendre une décision selon son bon plaisir ; il était obligé de suivre la procédure en suscitant un consensus. Al-

37. TG IV, p. 42 s.

38. Voir plus haut, p. 107.

39. Cf. mon ouvrage *Die Erkenntnislehre des 'Adudaddin al-Ici*, Wiesbaden, 1966, p. 400.

40. TG II, p. 133 s.

Asamm, qui fut le premier des mu'tazilites à accorder à l'*ijmâ'* une position centrale, l'instrumentalisa surtout dans la politique, en relation avec la validité du serment d'allégeance, la *bay'a* [41].

Mais, tout comme chez nous, les décisions politiques furent exposées, *a posteriori* du moins, à un examen juridique. La pratique devait subir le test de sa validité théorique. C'est ainsi qu'elle fut intégrée dans un contexte nouveau, justement celui de l'épistémologie. En jurisprudence, l'*ijmâ'* correspondait plus ou moins à la *sunna* prise au sens de « coutume locale » ; pour s'en assurer, il suffit de comparer le consensus des savants médinois chez Mâlik b. Anas. C'est sous cette même forme qu'il est connu chez Châfi'î, ainsi que nous l'avons vu ; Châfi'î considère l'*ijmâ'* comme une confirmation additionnelle et non pas comme un critère indépendant. En général, le mot ne signifie chez lui que l'accord des spécialistes sur l'interprétation d'un texte, et ce texte est souvent une *sunna* [42]. L'argument repose donc toujours dans celle-ci. Comparée à l'autorité omniprésente d'un mot du Prophète, celle d'un *ijmâ'* était plutôt bornée. L'opinion de Châfi'î fut partagée, en dehors de Médine, par beaucoup d'autres juristes anciens, Awzâ'î par exemple ou Abû Yûsuf [43]. Pour les mu'tazilites qui n'appréciaient pas le hadîth, la situation se présentait au contraire sous un autre jour. Chez eux, l'*ijmâ'* pouvait remplacer la *sunna* au lieu de la confirmer. Dirâr b. 'Amr, par exemple, le considère comme le seul critère à côté du Coran. D'une certaine manière, Dirâr lui accorda même une place supérieure à ce dernier, car au regard de l'ambiguïté de l'Écriture, et compte tenu du problème de l'abrogation et des *mutachâbihât*, on ne saurait sur quel passage de l'Écriture fonder son jugement sans l'appui unanime de la communauté. On poserait simple-

41. Voir plus haut, p. 116 ; cf. TG IV, p. 654.
42. LOWRY, *The Legal-Theoretical...*, *op. cit.*, p. 427 s.
43. TG IV, p. 655.

ment *auctoritas* contre *auctoritas* comme on le fait dans le domaine du hadîth[44]. Plus tard, quand les mu‘tazilites, ayant déjà perdu leur bataille contre la tradition prophétique, durent l'accepter comme source, ils appelaient l'*ijmâ'* « proposition de la communauté », *khabar al-umma*, en opposition avec la proposition du Prophète, *khabar al-nabî*, à savoir le hadîth[45].

Nous aboutissons donc à un résultat un peu paradoxal : l'*ijmâ'*, devenu plus tard principe sunnite par excellence, fut propagé d'abord, de façon absolue et sans restriction, par ceux qui, pour les siècles à venir, deviendraient des hérétiques, à savoir les mu‘tazilites. La situation fut embrouillée par le fait que l'opposition contre l'*ijmâ‘* se recrutait aussi parmi les groupes non-orthodoxes de leur époque, les khârijites et les chiites. Mais leur cas était différent : contrairement aux mu‘tazilites, ils avaient été toujours exclus de l'entente politique. De plus, les khârijites s'étaient dissociés de la communauté déjà à un moment où celle-ci n'avait pas encore acquis un contour cohérent. Par conséquent, ils étaient plus littéralistes que les mu‘tazilites. Ils n'appliquaient pas la lapidation en cas d'adultère, ils ne pratiquaient pas le frottement des souliers et ils coupaient inexorablement la main du voleur sans admettre les exceptions grâce auxquelles les juristes avaient atténué la rigueur du Coran. Du moins, c'est ce que dit ‘Abd al-Qâhir al-Baghdâdî[46] ; la réalité était peut-être plus complexe qu'il n'y paraît. Ils ne voulaient rien avoir en commun avec ceux qu'ils avaient délaissés. Mais ils étaient naturellement solidaires entre eux ; il y a une raison de croire que la « communauté des croyants », *jamâ‘at al-muslimîn*, des ibâdites basriens[47] procédait néanmoins selon un certain consensus, quoique situé

44. TG III, p. 51.
45. TG IV, p. 657.
46. *Usûl al-dîn*, Istanbul, 1928, p. 19, 6 s.
47. Voir plus haut, p. 123.

encore au niveau politique. Quant aux chiites, ils étaient déçus parce qu'ils s'étaient trouvés en minorité déjà parmi les Compagnons. Au temps d'Abû Bakr et de 'Umar l'accord de la communauté n'avait pas été favorable à 'Alî. Le fiqh chiite a toujours marqué sa préférence pour l'*ijtihâd*. Là, le vote de la majorité avait très tôt perdu de sa valeur.

Au sein des mu'tazilites, la critique ne surgit qu'avec Nazzâm. On l'a accusé d'avoir été influencé par les chiites, mais en réalité il réagit contre les « gens du hadîth », *ashâb al-hadîth*. Ceux-ci avaient commencé à fonder l'*ijmâ'* sur un hadîth : « Ma communauté ne se réunira pas sur une erreur [48]. » Ce dit était manifestement apocryphe. Châfi'î ne le cite pas [49]. Son contenu nous rappelle le rôle que joue le Saint-Esprit dans le christianisme. « L'Église de Rome ne commet pas d'erreurs », aurait dit le pape Luce selon les Décrétales pseudo-isidoriennes. En colportant le hadîth mentionné, les musulmans s'assuraient de leur orthodoxie. Les dissensions, l'*ikhtilâf*, avaient toujours été considérées comme une affaire de sectes et d'infidèles [50]. Plus encore : les infidèles n'étaient pas seulement en désaccord entre eux, ils nourrissaient aussi leur imagination d'erreurs collectives. Les chrétiens, par exemple, étaient tous d'accord sur l'affirmation que Jésus était mort sur la croix – ce qui était clairement faux selon le Coran. Les juifs étaient convaincus que la révélation remise à Moïse n'avait jamais été abrogée, ce qui était réfuté par l'existence de l'islam. Mais de telles erreurs ne se seraient-elles vraiment jamais produites parmi les musulmans ? Jâhiz, dans le sillage de Nazzâm, notait que, pendant le califat d'al-Mansûr, à Bahrein (ce qui, à l'époque, devait représenter toute la côte orientale du Golfe), la population entière faisait la prière communau-

48. TG III, p. 385 s.

49. LOWRY, *The Legal-Theoretical…*, *op. cit.*, p. 436.

50. Voir plus haut, p. 22 s.

taire le jeudi, donc à la veille du jour prescrit. Nazzâm lui-même s'était exprimé à ce sujet sur un ton sarcastique : si l'on rassemble un groupe entier d'aveugles, ensemble ils ne voient pas plus qu'avant. Tous les musulmans croient par exemple que Muhammad était le seul prophète envoyé au monde entier. Pourtant la raison nous montre que c'est faux, car tous les prophètes, Jésus, Moïse et les autres, ont prouvé leur authenticité par des miracles, et un miracle est perçu par les sens, donc adressé aux êtres humains comme tels. L'*ijmâ'* n'est plus qu'une illusion. Or, cette sorte de scepticisme impitoyable ne détruisit pas seulement l'*ijmâ'*, il eut des conséquences sur le hadîth ; car, par analogie, un rapport ne peut pas devenir fiable par le simple fait qu'il est pourvu de plusieurs chaînes de transmission *(mutawâtir)* [51].

Nazzâm était intelligent, mais on le trouvait un peu trop capricieux. Jâhiz, qui fut le premier parmi les mu'tazilites à se détacher des doctrines de son maître [52], nous a décrit son caractère [53]. Khayyât, qui vécut une génération après lui, prétend qu'à Bagdad personne ne partageait plus ses opinions. Encore une génération plus tard, Abû Hâchim accepta le hadîth que nous avons mentionné et que Nazzâm avait tourné en ridicule. Il était déterminé à accepter l'*ijmâ'*, et l'on ne trouvait pas d'autre « autorité » pour l'appuyer, sauf quelques passages du Coran qui étaient pourtant beaucoup trop vagues [54]. En s'éloignant de l'époque où les options restaient encore ouvertes, on sentit de plus en plus la nécessité d'un accord sur la vraie coutume. Nazzâm s'était encore moqué des Compagnons du Prophète et

51. TG III, p. 384 et IV, p. 656 s.

52. Par exemple au sujet de la *tafra* (*ibid.*, p. 419 ; voir plus haut, p. 84 et 90 s.).

53. *Ibid.*, p. 306.

54. TG IV, p. 657.

de leurs querelles intestines [55] mais, immédiatement après sa mort, le *political correctness* envers le passé sacré se saisit même de l'école mu'tazilite. Pour Nazzâm, les disputes entre les Compagnons étaient encore de l'ordre du normal ; la discorde, c'était la vie, et l'homme avait reçu son intellect pour s'orienter lui-même. Après lui, cette attitude était devenue intenable. Certes, les mu'tazilites ne cessaient jamais de faire l'éloge de la raison ; mais briser les tabous avait dorénavant des limites. Le Qâdî 'Abd al-Jabbâr dirait plus tard qu'en dépit du fait que l'infaillibilité de l'*umma* ne peut pas être prouvée, on ne doit pas en conclure qu'elle commettra nécessairement des erreurs.

VI

La « raison saine » dont avait parlé Wâsil n'était pas encore le rationalisme arrogant de Nazzâm. Ce que Wâsil avait en vue, c'était plutôt le bon sens des juristes. Parmi eux, on se souvenait qu'il existait des virtuoses qui, à leur époque, avaient ébloui les masses par leur sagacité et leur finesse : Iyâs b. Mu'âwiya par exemple [56] ou, avant lui, Cha'bî [57]. Ces hommes avaient le don de juger d'une situation intuitivement, par *firâsa*, avec perspicacité. Mais ils ne disposaient pas encore d'une méthode, et savaient encore moins discourir sur elle. Ils appliquaient l'analogie mais, ce faisant, ils se fondaient sur leur connaissance des hommes, sans recourir à une règle explicite. À cette époque, la jurisprudence était en première ligne, s'épanouissant grâce à l'outil de la *fatwâ* ; on n'écrivait pas encore des manuels, mais on essayait d'analyser des situations spécifiques qui n'avaient pas été clarifiées. Chaque communauté, chaque « secte » avait son propre

55. TG III, p. 390 s.
56. TG II, p. 154 s.
57. EI² IX, p. 162 s. (G. H. A. Juynboll).

spécialiste. À La Mecque, il y en avait pour les pèlerins. Nous possédons des textes qui nous aident à reconstituer cette culture oubliée : les Réponses, *al-Jawâbât*, de Jâbir b. Zayd al-Azdî (m. 93/712) [58] ou, sous forme de registre, les Dits, *al-Aqwâl*, de Qatâda b. Di'âma (m. 117/735 ?) [59]. Malheureusement, on les a négligés parce qu'ils étaient « sectaires », éloignés du courant dominant des siècles postérieurs. La « méthode » qui s'y révèle est le *ra'y* (littéralement : « opinion »), un mode de penser qui suivait librement la logique de la situation, sans appel constant à une « autorité » indépendante mais opposée au bon plaisir pur et à la décision arbitraire *(hawâ)*.

Le verbe que l'on combinait avec *ra'y* était *ijtahada*, « se donner de la peine » ; *ijtahada ra'yahû* signifiait « se faire une opinion sur quelque chose [60] ». À la longue, le terme *ra'y* perdit en dignité ; on l'associa à l'école de Koufa, les adhérents d'Abû Hanîfa qui, en Irak, avaient conservé le plus fortement les principes de la tradition ancienne. À Basra, ville d'ambiance composite, on mit le terme *ijtihâd* à la place de *ra'y*, et l'on commença à s'occuper de la raison spécifique, la *'illa*, qui justifiait la procédure appliquée [61]. Ceux qui le faisaient venaient de différentes « disciplines » : 'Uthmân al-Battî, contemporain et correspondant d'Abû Hanîfa, qui lui adressa sa fameuse Épître, *Risâla* [62],

---

58. TG II, p. 191.

59. *Ibid.*, p. 143 s.

60. TG IV, p. 664.

61. Châfi'î dira plus tard *ma'nâ* au lieu de *'illa* (cf. W. HALLAQ dans *Der Islam*, 64, 1987, p. 45), mais cela ne signifie pas nécessairement qu'ailleurs on n'utilisait pas déjà *'illa*. Châfi'î n'a jamais subi l'influence de la pensée basrienne. Lowry traduit *ma'nâ* par *policy reason* (*The Legal-Theoretical Content…*, *op. cit.*, p. 211 s.).

62. *Al-Risâlâ ilâ 'Uthmân al-Battî*, éd. Muhammad Zâhid al-Kautharî, avec le *Kitâb al-'âlim wal-muta'allim*, Le Caire, 1368/1949, p. 34 s. ; cf. TG I, p. 192 s.

réagit en tant que juriste, ʻAmr b. ʻUbayd comme théologien[63], ʻAbdallâh b. Abî Ishâq al-Hadramî (m. 117/735, donc l'aîné des deux autres d'une génération) comme grammairien[64]. Il est vrai, cependant, qu'au début l'*ijtihâd* basrien fut autant poussé à l'excès que le *ra'y* de Koufa : ʻUbaydallâh b. al-Hasan al-ʻAnbarî (m. 168-785), disciple d'Iyâs b. Muʻâwiya, formula la maxime suivante : « quiconque se forme une opinion (et est capable de le faire) a raison », *kullu mujtahid musîb*[65]. D'un coup, on avait abouti au pluralisme – et, comme il semblait, au relativisme.

Jamais l'indépendance de l'expert n'aura été soulignée avec autant d'assurance. ʻAnbarî ne fit aucune différence entre la jurisprudence et la théologie. Il choisit ses exemples dans les deux domaines à la fois. Le *mash ʻalâ l-khuffayn*, la pratique de frotter les souliers au lieu des pieds pendant le lavement rituel, peut aussi bien être accepté que refusé, disait-il ; mais il soutenait aussi que celui qui défend le libre arbitre a raison autant que celui qui adhère à la prédestination. Il s'agissait toujours de problèmes qui n'avaient pas été définitivement résolus par le Coran, la seule autorité que ʻAnbarî semble avoir acceptée. Pour la théologie, cette attitude se révéla insoutenable. Les vérités éternelles ne pouvaient pas être soumises aux caprices de l'intellect humain (quoiqu'elles le fussent en réalité). Dans le *fiqh*, la situation était différente. Bientôt on se rendit compte que le jugement d'un mufti ou d'un *qâdî* n'aboutissait jamais à plus qu'une certaine probabilité *(ghalabat al-zann)*. Les manuels consacrés aux fonde-

63. Cf. les deux textes dans TG V, p. 171 s., n. 5-6 ; voir TG II, p. 302.

64. TG IV, p. 662. Dans la grammaire, la recherche de la *ʻilla*, de la cause pour l'évolution de la langue et ses irrégularités, restait caractéristique de l'« école » de Basra.

65. TG II, p. 161 s. ; cf. aussi mon article « La liberté du juge dans le milieu basrien du VIIIe siècle », *La Notion de liberté au Moyen Âge. Islam, Byzance et Occident*, Paris, 1985, p. 25 s.

ments herméneutiques du *fiqh (usûl al-fiqh)* ne manquent jamais d'aborder le sujet [66]; là aussi, on voulait éviter de tomber dans l'indécision. Au fond, 'Anbarî avait touché un point délicat et important ; l'absence de cours d'appel dans la judicature classique le prouve [67].

Or, les juristes n'étaient pas prêts à se résigner à l'incertitude. Châfi'î ne vit pas encore la situation sous l'aspect de la vraisemblance. Selon lui, en suivant la Loi, le croyant fait quelque chose soit objectivement correct, soit subjectivement permis [68]. Chez les mu'tazilites, c'était leur rationalisme qui ralentissait le procès. Aussi bien al-Asamm que Bichr al-Marîsî, juriste très influent à la cour d'al-Ma'mûn et instigateur de la *mihna* [69], et après eux al-Nazzâm, continuaient d'espérer qu'il serait possible de fonder toute argumentation juridique sur la raison. En ce qui concerne le raisonnement par analogie, le *qiyâs*, dont un système casuistique ne pouvait pas se dispenser, les deux premiers pensaient pouvoir dominer la situation à travers une méthode solide relative à la *'illa* [70]. À ce point cependant, Nazzâm, avec son scepticisme usuel, laissa entendre qu'ils n'étaient pas sur le bon chemin. Même Dieu n'applique pas l'analogie, le Coran en est la preuve. D'après la sourate XXIV, 31, personne n'est autorisé à voir les cheveux d'une femme libre, et *per analogiam* nous dirions que cela vaut aussi pour une esclave, surtout si celle-ci est belle (ou encore plus belle que la femme libre). Mais le contraire est

---

66. Cf. les textes mentionnés dans TG V, p. 188 s.

67. La juridiction des *mazâlim* est différente (cf. EI^2 VI, 933 s.).

68. LOWRY, *The Legal-Theorical...*, *op. cit.*, p. 359. Le point essentiel est que, en islam, chacun doit appliquer la loi dans ses devoirs rituels.

69. TG III, p. 176 s.

70. Pour Bichr, cf. TG III, p. 187 ; pour al-Asamm, *ibid.*, II, p. 415 s. ; cf. aussi le résumé dans TG IV, p. 662 s. où leur position est comparée avec celle de Châfi'î.

vrai, comme nous montre le verset XXXIII, 59 [71]. La *charia* est semée de pareilles contradictions. Le voyageur par exemple, *ibn al-sabîl*, est exempté de la prière et du jeûne, mais il doit compenser seulement la deuxième de ces obligations et non pas la première [72]. Le chaos est voulu, et l'analogie ne ferait que l'agrandir. Le Coran est au-delà de toute critique, on ne peut que l'accepter. En dehors de cela, la seule autorité est la raison. Elle ne nous dit pas de procéder par analogie, mais de prendre les commandements scripturaux au pied de la lettre. Si un mari prononce la répudiation, il doit le faire exactement avec les formules mentionnées dans le Coran ou avec une phrase qui contient le mot *talâq* ; la seule intention ne suffira pas. Avec cette prise de position, Nazzâm abandonnait l'opinion de la majorité et aboutissait à une attitude littéraliste, *zâhirite* [73]. À la différence de ses deux prédécesseurs, il n'était pas juriste pratiquant.

VII

Comme expression normale de l'*ijtihâd*, l'analogie ou *qiyâs* fut incluse parmi les quatre fondements de la jurisprudence, les *usûl al-fiqh*. Ce n'était pas une « source », mais une méthode ; il appartenait au règne de la forme et non pas à celui de la matière. En jurisprudence, il avait la fonction d'appuyer le probabilisme

---

71. TG III, p. 387.

72. TG VI, p. 190, texte 255c. Les cas de l'*ibn al-sabîl* a aussi été traité par Châfi'î (*Risâla*, § 352 ; cf. LOWRY, *The Legal-Theoretical…*, *op. cit.*, p. 450).

73. Attitude qui ne sera propagée ouvertement que deux générations plus tard, par Dâwûd b. 'Alî al-Isfahânî (m. 270/884). Celui-ci entretenait beaucoup de relations avec les mu'tazilites (cf. TG IV, p. 223 s.) ; il avait encore étudié chez Abû 'Abd al-Rahmân al-Châfi'î, le disciple d'Abû l-Hudhayl (voir plus haut, p. 132 s.), mais son père avait été hanafite.

casuistique. En théologie, cet usage ne suffisait pas. Il est vrai que les théologiens utilisaient le même terme, mais ce qu'ils voulaient exprimer par là était un *qiyâs al-ghâ'ib 'alâ l-châhid.* Plutôt qu'une analogie, c'était une conclusion *(qiyâs)* fondée sur ce qu'on avait devant les yeux, le *châhid* (à savoir ce qui était présent et bien connu), par rapport au caché, le *ghâ'ib*, c'est-à-dire Dieu et l'au-delà. Ils n'admirent pas qu'il pouvait y avoir analogie entre Dieu et le monde. L'islam n'a jamais développé la doctrine de l'*analogia entis*, et les mu'tazilites, en dépit de toutes leurs théories sur les attributs de Dieu, ont toujours beaucoup estimé l'affirmation de Sa transcendance, le *tanzîh*, l'*aphaíresis* des Grecs[74]. Chez eux, l'analogie n'était pas une manifestation de l'*ijtihâd* mais de l'*istidlâl*, terme qu'ils associaient au mot utilisé pour « preuve », *dalîl.* Le *dalîl* n'était rien d'autre qu'un « signe », un indice, et le *qiyâs* une ratiocination quelconque, une déduction de préférence. C'est pour cette raison que les traducteurs d'Aristote, des chrétiens en général, pouvaient se permettre d'appliquer le terme *qiyâs* au syllogisme qui indiquait, dans l'*Organon*, la méthode de conclusion, *kat' exokhén.* Le fait que le *qiyâs* n'était qu'un élément formel dans l'outillage des juristes facilitait la transition à la philosophie où les problèmes traités ressemblaient à ceux de la théologie. À l'égard des trois autres « sources » de la loi, un tel contact n'aurait pas porté des fruits[75].

74. Sur ce terme, cf. maintenant mon article dans EI^2, X 341 s., s.v. « Tashbih wa-tanzih. »

75. La seule exception est peut-être l'*ijmâ'.* Schacht a noté son affinité avec l'*opinio prudentium* de la loi romaine. Les philosophes grecs parlaient de la *koinonía tôn anthrôpôn.* Mais les similitudes sont trompeuses, et l'influence directe est impossible à prouver (cf. TG IV, p. 655). Le *qiyâs al-ghâ'ib 'alâ 'l-châhid* trouve son parallèle dans l'*analogismós* qui, dans la version arabe du *Perí tès iatrikès empeirías* de Galien, fut traduit par *qiyâs bi'l-zâhir 'alâ l-khafî* (cf. TG IV, p. 665). Pour la question de savoir si, dans la nomenclature de *dalîl, madlûl, istidlâl* se révèle l'influence de *semeion, semeiotón, semeiosis,* des

La connaissance théologique n'était pas seulement une certitude, elle était aussi – et pour la même raison – un devoir. Le Coran soulignait que Dieu fournit les « signes » *(âyât)* afin que l'homme reconnaisse son existence. D'une certaine manière, la connaissance des signes était même « nécessaire », car on les apercevait avec les yeux, et les perceptions sensuelles étaient inévitables, *darûrî*, données *a priori*. Ce qui était « acquis » *(iktisâbî)* dans ce processus n'était que la conclusion, du *semeíon (dalîl)* au *semeiotón (madlûl)*, du signe au signifié, mais cette conclusion pouvait être réalisée par n'importe qui. Il suffisait de la vouloir ; à juste titre, l'acquis pouvait être aussi appelé *ikhtiyârî*, dépendant du choix *(ikhtiyâr)* de l'individu. Par conséquent, la connaissance de Dieu devint un objet du *taklîf*, de l'obligation par la loi divine. Elle était un acte humain comme les autres. On pouvait différer sur la façon de définir cet acte. Dirâr b. 'Amr, par exemple, qui, à l'égard du libre arbitre *(ikhtiyâr)*, avait soutenu un synergisme qui partageait les éléments de l'acte humain entre Dieu et l'homme, pensa que l'homme est l'agent par le fait qu'il exécute l'action et l'« acquiert » pour son compte (*kasb* ou *iktisâb*), tandis que Dieu la crée en tant qu'Il la fait se produire[76]. Les mu'tazilites ne retinrent pas ce modèle, mais Abû l-Hudhayl qui avait été parmi les premiers à le réfuter[77] parla tout de même de *'ilm iktisâbî*, savoir « acquis » par la spéculation théologique *(nazar)*[78]. Et

stoïciens, cf. mon article « The Logical Structure of Islamic Theology », dans G. E. VON GRUNEBAUM (éd.), *Logic in Classical Islamic Culture*, Wiesbaden, 1970, p. 21 s.

76. TG III, p. 45 s. et IV, p. 502 s.

77. Le premier était probablement Bichr b. al-Mu'tamir (cf. TG V, p. 231, Widerlegungen, B1) ; Abûl-Hudhayl attaqua plutôt Hafs al-Fard qui était le disciple le plus éminent de Dirâr (TG II, p. 729 s. ; III, p. 48 et 276).

78. Bichr b. al-Mu'tamir fit la même chose, mais au lieu d'exprimer le contraire par *darûrî*, il disait *ibtidâ'î*, « donné d'avance » (TG III, p. 118).

le *kasb*, l'« acquisition », resta à jamais un « chiffre », une expression métaphorique, pour « responsabilité [79] ».

L'appel au *taklîf* suscita de nouvelles difficultés. Si l'« acquisition » du savoir religieux était obligatoire, on ne devait pas l'ajourner. Chaque instant passé sans connaissance de Dieu et de l'islam était perdu. D'autre part, la connaissance exigeait du temps ; par conséquent, on se demandait quel répit *(muhla)* l'homme aurait après avoir atteint l'âge de majorité. Au fond, il n'y avait pas, sous cet aspect, de différence entre les croyants et les païens. Certes, les musulmans bénéficiaient du fait que leur « répit » était normalement occupé par l'éducation religieuse, mais l'obligation elle-même valait également pour les non-musulmans, et dans la mesure où ceux-ci l'accomplissaient, ils suivaient le commandement de Dieu comme les croyants. Il se pouvait, naturellement, qu'ils restent malgré tout des incroyants ; dans ce cas, leur connaissance de la vérité n'aurait été que partielle, et ils auraient accompli leur devoir sans l'intention qui aurait dû l'accompagner. Abû l-Hudhayl était le premier à traiter ce problème : il y a des œuvres d'obéissance, dit-il, avec lesquelles on ne « veut » pas Dieu. Cela peut aussi arriver à un musulman. Il se trouve dans une telle constellation au premier instant de sa connaissance de Dieu, car, alors, il ne sait pas encore que ce qu'il fait est un acte méritoire [80].

Ce théorème était assez éloigné de la réalité. Normalement, l'éducation introduisait le concept de mérite dès le début, conjointement avec les premières idées religieuses. Mais l'aporie qui s'y cachait fascinait les esprits. Il se peut donc, disaient-ils,

---

79. Le terme *mas'ûliyya* est récent ; le *Supplément aux dictionnaires arabes* de R. Dozy (I, 621b) connaît le mot seulement à travers le *Muhît al-Muhît* de Butrus al-Bustânî et avec la signification d'« obligation » – tout cela en dépit du fait que *mas'ûl* est coranique.

80. TG III, p. 252 s.

que l'on suive une obligation établie par Dieu sans s'en rendre compte. Cette éventualité semble être universelle ; il n'y a pas de raison de la restreindre aux infidèles. Car pour savoir que l'on est obligé de connaître Dieu, on doit déjà Le connaître. On pouvait en conclure que la notion de Dieu est un concept *a priori*. On l'avait fait depuis longtemps ; pour *a priori*, on disait *fitra*[81]. Abû l-Hudhayl lui-même avait pensé de cette manière, en dépit du fait qu'il s'était donné beaucoup de peine pour élaborer des preuves de l'existence de Dieu[82] ; à son avis, ces preuves n'étaient faites que pour se rassurer *a posteriori*. Mais on aurait dû alors concéder que les païens, eux aussi, possèdent cette connaissance préalable de Dieu, et devait-on vraiment leur concéder ce plaisir ? Il y avait des théologiens qui soutinrent le contraire. La conséquence semblait être alors que les incroyants, du moins ceux qui n'avaient jamais eu l'occasion d'entendre parler de Dieu ou de l'islam, étaient innocents. Certes, ils ne méritaient pas non plus le paradis, mais ils ne pouvaient pas être condamnés désormais à l'enfer. Le Coran leur offrait une troisième alternative : ils retourneraient à la poussière après leur mort. Selon la sourate LXXXVII, 40, les polythéistes de La Mecque désiraient en vain d'être traités de cette manière après leur résurrection. Comparé à l'enfer, c'était un sort plus agréable ; mais pour ceux qui avaient connu la vérité et l'avaient rejetée, il n'en avait pas été question.

Thumâma b. Achras, conseiller et « ministre sans portefeuille » à la cour d'al-Ma'mûn, a argumenté de manière identique[83], et Jâhiz se rangea à son avis[84]. Mais celui-ci poussa l'idée plus avant en affirmant, au terme d'une approche psychologique qui était révolutionnaire pour l'époque, qu'en dépit de cette

81. TG IV, p. 361 s.
82. TG III, p. 231 s.
83. *Ibid.*, p. 168 s.
84. TG IV, p. 99 s.

« supposition d'innocence » il se peut toujours que chacun, qu'il soit musulman ou non, arrive à la connaissance de Dieu sans y avoir été initié d'avance. Ce que l'on doit concéder est seulement que cette connaissance n'est pas susceptible d'être dirigée et qu'elle partage ce caractère distinctif avec toutes les autres connaissances. Surtout il ne faut pas qu'elle soit « produite » *(muwallad, mutawallid)* par quelque chose ; elle peut résulter naturellement d'un acte de réflexion, mais ce n'est pas une condition *sine qua non*. Notre cerveau fonctionne de manière différente ; nos spéculations ne sont pas calculables. Aussi n'y a-t-il pas d'obligation de connaître Dieu.

Ces idées étaient ingénieuses et, en même temps, imprégnées d'une tolérance subtile, mais elles annonçaient aussi la faillite du rationalisme mu'tazilite. En réagissant contre ce défaut d'apparence, Jubbâ'î, avec son scolastisme usuel, essaya de prouver pourquoi l'homme, en dépit des arguments avancés par Jâhiz, doit nécessairement ressentir l'obligation de connaître Dieu. Personne, dit-il, n'échappe à l'expérience de dépendre d'une puissance qui le gouverne et à laquelle il est redevable de ses soins. Cependant, pour montrer sa gratitude, il doit savoir à qui l'adresser. La connaissance de Dieu est donc quasiment la personnalisation de l'expérience du « numineux », d'une puissance divine indéfinie [85]. Cette théorie, elle aussi, n'était d'abord qu'une hypothèse. Un musulman n'avait pas besoin de cette confrontation avec le numineux, ni les « gens du Livre », les *ahl al-kitâb*, ou la majorité des païens ; car ils étaient tous conditionnés par les idées religieuses de leur société. Pour appuyer la théorie, il fallait donc trouver – ou construire – un exemple. On le trouva bientôt dans la figure d'un individu vivant seul sur une

85. Cf. mon *Die Erkenntnislehre...*, *op. cit.* (n. 39), p. 329 s. ; ainsi que mon article « Early Islamic Theologians on the Existence of God », dans K. I. SEMAAN (éd.), *Islam and the Medieval West*, New York, 1980, p. 64 s.

île, le motif de Robinson. Jubbâ'î lui-même semble l'avoir déjà utilisé ; plus tard, ce sont surtout des auteurs chiites qui le reprennent : Kulînî (m. 328/939), Ibn Bâbôya (m. 381/991). On sait comment l'idée fut développée plus tard par Ibn Tufayl. Enfin Ibn al-Nafîs l'accentua et la poussa jusqu'à la caricature dans sa *Risâla al-Kâmiliyya*[86] ; dans son récit, le héros ne découvre pas seulement les vérités théologiques et métaphysiques grâce à la force de son intellect, mais aussi, à travers la nécessité rationnelle de la prophétie, l'évolution de l'histoire humaine. La localisation du « Robinson » (qui s'appelle Kâmil, « Parfait », chez Ibn al-Nafîs et Hayy b. Yaqzân, « Vivant fils d'Éveillé », chez Ibn Tufayl) était naturellement un détail marginal. L'Orient avait d'autres lieux retirés à offrir : le désert (Ibn Bâbôya), le sommet d'une montagne (Kulînî). Ne parlent de l'île que Juwaynî, un ach'arite, et Muhammad b. Ibrâhîm al-Kindî qui était ibâdite[87].

VIII

La confiance en des programmes qui accompagnait le rationalisme pouvait aboutir à la présomption, sinon à l'aveuglement et au fanatisme. Avec le temps, les mu'tazilites avaient cessé d'être les amis des masses ; ils détestaient l'inaptitude de celles-ci à comprendre la vraie doctrine. Même Bichr b. al-Mu'tamir qui avait essayé de gagner les gens du peuple avec sa poésie didactique[88] critique leur *taqlîd*, l'indolence intellectuelle qu'ils montraient – surtout en ne suivant pas ses avis. Son disciple al-Murdâr cultiva la même attitude, pour un temps au moins,

86. Édité par M. Meyerhof et J. Schacht sous le titre de *The Theologus Autodidactus of Ibn al-Nafis*, Oxford, 1968.

87. TG IV, p. 669 s.

88. TG III, p. 109 s. ; voir plus haut, p. 120.

jusqu'à ce qu'il se convertît à un style didactique plus accessible et commençât à composer des livres intelligibles au commun des mortels [89]. Sa simplicité ascétique [90] l'approcha des mu'tazilat [91] qui étaient les seuls à s'opposer à l'arrogance intellectuelle. Il est vrai qu'en dehors des cercles mu'tazilites, Ibn Kullâb et ses amis, qui avaient essuyé les brutalités de la *mihna*, optèrent pour plus de modération. Pour eux, quelqu'un qui n'est pas capable d'exposer les motifs de sa foi par ses propres moyens peut néanmoins être considéré comme un croyant. Mais même eux émettaient des réserves. Ils admirent que celui-ci obéit à Dieu avec sa foi ; mais ils restaient convaincus qu'il commet malgré tout un péché parce qu'il néglige la réflexion théologique. Le *muqallid*, à savoir celui qui, par son *sacrificium intellectus*, manque la voie droite, doit donc être assimilé au « prévaricateur », *fâsiq* [92], sauf que ce dernier ne se trouvait pas, d'après eux, dans une position intermédiaire *(manzila bayna l-manzilatayn)*, comme chez les mu'tazilites, mais pouvait mettre son espérance en Dieu qui, dans Sa miséricorde, peut lui épargner les souffrances de l'enfer [93].

Tourné vers l'intérieur, l'intellectualisme aboutissait à un certain esprit querelleur. La plus forte instigation provenait des disputations publiques, de la *munâzara* ; là, l'arrogance s'allia à l'esprit de compétition. La déformation professionnelle qui en résulta était typique des *mutakallimûn*. Regardons le contraste : le hadîth fut simplement transmis. Le mysticisme se limitait à cette époque au contact intime entre maître et disciple. La philosophie et les sciences grecques furent enseignées à la maison. La

89. TG III, p. 138 s.
90. Voir plus haut, p. 126.
91. Voir plus haut, p. 125 et 129.
92. Pour ce terme, cf. D. GIMARET, *La Doctrine d'al-Ash'ari*, Paris, 1990, p. 470, n. 2.
93. TG IV, p. 671.

théologie, au contraire, favorisait, dès ses origines et en raison de son caractère apologétique, la pratique du débat public qui attirait les curieux et provoquait l'émotion. Il s'agissait toujours de victoires et de défaites. Comme au marché, l'habileté et la vitesse de réaction l'emportaient souvent sur la circonspection et la sincérité. Jâhiz a bien vu que cette propension pouvait basculer en charlatanerie. Tout en étant un bon littérateur, il était loin d'être un bon jouteur public lui-même. Sa physionomie ne s'y prêtait pas, et les règles de la publicité y étaient peut-être déjà les mêmes que dans nos démocraties modernes. Jâhiz reconnut aussi que, dans le feu des arguments, la frontière entre les positions antagonistes pouvait s'effacer. Ce qui n'était pas grave tant que ces positions étaient fictives, comme dans les belles-lettres, le *adab* (lui-même avait imaginé, dans son *Livre des animaux*, une *disputatio* entre un coq et un chien[94]). Mais la théologie était tout autre. On ne joue pas avec la vérité, et il ne suffit pas d'avoir raison, surtout pas grâce à l'adresse rhétorique dont on disposait. À la longue, l'image des *mutakallimûn* ressemblait de plus en plus à celle d'un avocat vedette dans un procès américain d'aujourd'hui. Les muʿtazilites en connurent les inconvénients. Ils se voyaient confrontés à une vague de ressentiment et d'antipathie. Jusqu'à maintenant, on aime comprendre le mot *kalâm*, d'où sont dérivés *ʿilm al-kalâm* et *mutakallimûn*, comme « parole inutile », « bavardage ». Les gens simples réagissaient de cette manière, mais aussi les savants qui étaient proches d'eux, les *ashâb al-hadîth*, beaucoup de juristes, et enfin les philosophes eux-mêmes. Ces derniers réagissaient, cependant, pour d'autres raisons : ils croyaient reconnaître dans le style du *kalâm* le genre dialectique d'Aristote, genre que le maître grec avait placé au

94. Ce n'était pas de la pure imagination. Il raconte plutôt des séances dans un salon bourgeois de Basra où Nazzâm avait pris le parti du chien tandis qu'un collègue muʿtazilite avait défendu le coq.

deuxième rang, clairement en dessous de l'art apodictique représenté par la logique du syllogisme[95].

IX

D'où sait-on que l'on sait ? Pourquoi a-t-on raison quand on a raison ? Les générations postérieures, Ghazzâlî, par exemple, mais aussi Fakhr al-dîn al-Râzî étaient fascinés par le syllogisme ; elles en attendaient beaucoup. Mais les promesses étaient fausses. Le syllogisme ne rend finalement que ce qu'il a reçu. La conclusion dépend des prémisses, mais qui allait vérifier les prémisses ? Si les prémisses avaient été prises du Coran la question aurait été superflue. En général, ce n'était pas le cas ; les théologiens procédèrent autrement, comme nous l'avons vu. Le savoir provient d'une conviction *(i'tiqâd)* qui est appuyée par des preuves, disaient-ils. Abû l-Hudhayl l'avait déjà affirmé, tout en ajoutant que cette condition préalable ne vaut pas pour toute sorte de savoir ; il y a des connaissances qui ne sont pas « produites » parce qu'elles sont « nécessaires[96] ». Mais quand elles sont produites, c'est-à-dire quand la vérité s'éclôt au terme de notre réflexion, nous le sentons. La vérité ne se manifeste pas par l'épreuve avec la réalité, une épreuve qui n'est d'ailleurs pas toujours possible en théologie, elle s'impose par un critère subjectif : la tranquillité du

95. TG IV, p. 727 s.

96. TG III, p. 254. Selon lui, cela valait surtout pour les perceptions sensuelles. Plus tard, on ajouta les lois universelles de la pensée, comme le principe du tiers exclu, qui existent en nous *a priori* (cf. *Die Erkenntnislehre*, *op. cit.*, p. 164 s.). La séquence *zann – i'tiqâd – 'ilm* dans laquelle la connaissance s'avance vers la certitude nous rappelle la hiérarchie de *Meinen – Glauben – Wissen* chez Kant (*Kritik der reinen Vernunft*, B 850 = Transzendentale Methodenlehre, II, 3).

cœur *(sukûn al-qalb)*. Penser, réfléchir est un mouvement de l'âme, disait Nazzâm, et ce mouvement s'apaise au moment où l'on arrive à une connaissance[97]. Pourtant, il est illusoire de croire que la connaissance est vraie pour cette raison ; peut-être sommes-nous simplement victime d'un réflexe naturel. Car celui qui s'égare dans l'erreur ne croit-il pas également qu'il a raison ? C'est ce que Jâhiz appelait à ne pas oublier[98] ; il se souvenait des objections des sceptiques grecs. On rapportait qu'un de ces sceptiques, un « sophiste », avait déjà harcelé Thumâma b. Achras en insistant sur l'affirmation que toute pensée n'est que conjecture *(hisbân)*[99].

Par conséquent, Jâhiz compléta l'approche de Nazzâm avec un critère objectif ; il y a des phrases, disait-il, qui nc sont pas seulement reconnues comme vraies subjectivement mais aussi objectivement, par leur correspondance avec la réalité, par l'*adaequatio intellectus et rei*, comme auraient dit les scolastiques chrétiens Il avait découvert la nécessité de cet ajustement en considérant les propositions fausses : s'il est admis de dire que quelque chose est vrai parce qu'on y croit, on ne peut pas dire pour autant que cette même chose est fausse parce qu'on n'y croit pas. Il n'y a donc pas seulement des propositions qui sont vraies et d'autres qui sont fausses, mais aussi des propositions qui ne sont ni vraies ni fausses, soit parce qu'elles ne correspondent pas à la réalité en dépit du fait qu'on y croit, soit, au contraire, parce qu'on dit d'une chose qu'elle est objectivement vraie sans en être convaincu. Le premier cas est celui des païens « innocents », le deuxième celui des « hypocrites », des *munâfiqûn*[100]. Jâhiz savait que son maître Nazzâm avait déjà fait allusion à un

97. TG III, p. 380.
98. TG IV, p. 102 s.
99. Cf. l'article cité plus haut, p. 124, n. 6.
100. TG IV, p. 97 s.

verset du Coran où pareil cas était décrit par Dieu lui-même : « Quand les Hypocrites viennent à toi (Prophète !), ils disent : Nous attestons, en vérité, (que) tu es certes l'Apôtre d'Allah... Allah atteste, en vérité, (que) les Hypocrites sont certes des menteurs[101]. » À un certain moment, les *munâfiqûn* avaient donc dit quelque chose qui était vrai, mais sans y croire ; pour ce motif, ils étaient des menteurs. Vérité et sincérité n'étaient pas la même chose, et mensonge et erreur ne l'étaient pas non plus. Malheureusement, l'expression *kadhabta* pouvait signifier, en arabe et à cette époque, « tu mens » aussi bien que « ce que tu dis est faux ». Comme le mot *pseudos* en grec, le verbe arabe ne fait pas la différence entre sens subjectif et sens objectif[102]. Mais même si la différence n'est pas dans le langage, elle l'est certainement dans la réalité. De nouveau, Jâhiz prit le Coran à témoin. Le verset XXXIV, 8 nous informe que les polythéistes de La Mecque ne pouvaient pas se résoudre à tenir le Prophète pour un menteur ou un possédé. Or « possédé » (par les djinns) ne pouvait que signifier dans ce contexte : quelqu'un qui dit des faussetés sans le savoir.

Le premier à réfuter les « sophistes », c'est-à-dire les arguments des sceptiques grecs, était un autre élève de Nazzâm, Muhammad b. Chabîb al-Basrî. Il savait qu'il fallait expliquer les illusions des sens pour atteindre ce but[103]. Nous connaissons les arguments des sceptiques par les traités de Sextus Empiricus et par d'autres textes. Dans le monde musulman, ces livres restaient inconnus, et leurs « sophismes » se répandirent plutôt par une « tradition diffuse » qui colportait beaucoup d'idées grecques jamais traduites officiellement. Ceux qui en étaient responsables étaient peut-être les médecins ; l'école « empirique » qui se refusait à

101. Sourate LXIII, 1.
102. Cf. *Wörterbuch der Klassischen Arabischen Sprache*, I, 90a et 91b.
103. TG IV, p. 128.

fonder la diagnose sur le syllogisme s'était liée avec le scepticisme. Mais au fond, on n'avait pas affaire aux illusions des sens ; le problème était la révélation. On ne réussirait jamais à l'expliquer et à la remplacer par la raison. Si tous les éléments de la foi pouvaient être découverts par la réflexion humaine, pourquoi Dieu aurait-il parlé ? C'est ce que dit Ibn al-Râwandî, et il n'avait pas tout à fait tort. S'il avait entendu la réponse que ses antagonistes opposèrent à son argument par la suite, à savoir que Dieu le fit pour épargner à ces créatures un peu de peine [104], il n'aurait eu qu'un sourire sarcastique. Il est vrai qu'à tout jamais les musulmans ont évité l'absurde [105]. Mais même pour eux, l'harmonie entre la foi et la raison restait un idéal inaccessible.

104. Pour les détails de la discussion, cf. TG IV, p. 320 s.

105. Cf. mon article « Göttliche Allmacht im Zerrbild menschlicher Sprache », *MUSJ*, 49, 1975-1976, p. 653 s.

Table

Collection « Chaire de l'I.M.A. »,
dirigée par François Zabal

Jean Bottéro, Clarisse Herrenschmidt et Jean-Pierre Vernant, *L'Orient ancien et nous. L'écriture, la raison, les dieux*

Oleg Grabar, *Penser l'art islamique. Une esthétique de l'ornement*

Abadallah Laroui, *Islam et histoire. Essai d'épistémologie*

Muhsin Mahdi, *La Cité vertueuse d'Alfarabi. La fondation de la philosophie politique en Islam*

L'impression et le brochage de cet ouvrage ont été effectués
sur presse Cameron dans les ateliers
de ***Bussière Camedan Imprimeries***
à Saint-Amand-Montrond (Cher),
pour le compte des Éditions Albin Michel.

Achevé d'imprimer en avril 2002.
N° d'édition : 20719. N° d'impression : 021734/1.
Dépôt légal : mai 2002.